国家中等职业学校示范建设课程改革创新系列教材
中职中专园林绿化专业系列教材

园林植物栽培与养护

潘渝冬 张 蓉 主 编
陈远达 朱小玲 副主编

科 学 出 版 社
北 京

内 容 简 介

本教材旨在训练学生根据园林植物习性、生长规律、地区环境特点，因地制宜地完成繁殖育苗、生产种植、栽培养护，培养其管理园林植物的技能。

在教材编写的过程中，以项目为主线，以就业为导向，即以花卉工、绿化工、绿化施工员、花卉养护工等工种在工作过程中可能遇到的典型工作任务为教学主线，结合职业资格证书考核所需的知识、能力，设定教学培养目标、能力训练标准，确定课程的教学内容。特别是引入园林植物种植计划及地区性园林绿地养护月历编写项目，可以培养学生的园林管理能力，向更高层次的园林工种发展，拓宽学生的成才之路。

本教材适用于中等职业学校园林绿化、园林技术专业及中、高级花卉工、绿化工培训使用。

图书在版编目（CIP）数据

园林植物栽培与养护 / 潘渝冬，张蓉主编. —北京：科学出版社，2014
（国家中等职业学校示范建设课程改革创新系列教材 • 中职中专园林绿化专业系列教材）
ISBN 978-7-03-040432-9

Ⅰ.①园… Ⅱ.①潘… ②张… Ⅲ.①园林植物-观赏园艺-中等专业学校-教材 Ⅳ.①S688

中国版本图书馆CIP数据核字（2014）第075191号

责任编辑：殷晓梅 / 责任校对：马英菊
责任印制：吕春珉 / 封面设计：艺和天下

科学出版社 出版
北京东黄城根北街16号
邮政编码：100717
http://www.sciencep.com
北京虎彩文化传播有限公司 印刷
科学出版社发行　各地新华书店经销
*
2014年6月第 一 版　开本：787×1092　1/16
2019年1月第四次印刷　印张：15 3/4
字数：370 000

定价：38.00元

（如有印装质量问题，我社负责调换〈虎彩〉）
销售部电话 010-62134988　编辑部电话 010-62135763-2007（VL06）

国家中等职业学校示范建设课程改革创新系列教材
编写指导委员会

顾　问： 姜伯成　向才毅　谭绍华

主　任： 丁建庆

副主任： 林安全

编　委：（以姓氏笔画为序）

王建军　田　伦　刘　丹　刘芝秀　李小琼

李天容　李文静　吴锦平　张　蓉　周　彬

周永伦　侯泽武　费明卫　袁智强　桂　莉

殷万全　唐　燕　熊　强　潘红宇　潘渝冬

《园林植物栽培与养护》
编写人员名单

主　编： 潘渝冬　张　蓉

副主编： 陈远达　朱小玲

参　编： 李天容　潘红宇　田　伦　梁　靖

序

Preface

随着人们物质生活水平的提高，对精神的需求也日趋强烈，人们对生活的追求将从数量型转为质量型，从物质型转变为精神型，从户内型转变为户外型，生态休闲正成为人们日益增长的生活需求的重要组成部分，这一趋势也促使园林建设事业的蓬勃发展。园林建设事业的发展，需要大量面向城镇园林建设第一线，从事融艺术、园林环境改造为一体的园林设计、施工、养护管理的应用型人才。

为此，本套园林专业系列教材编写依据《国家中长期教育改革和发展规划纲要（2010—2020年）》《教育部、人力资源和社会保障部、财政部关于实施国家中等职业教育改革发展示范学校建设计划的意见》（教职成[2010]9号）和教育部《关于实施国家示范性职业学校数字化资源共建共享计划的通知》（教职成司函[2011]202号）文件精神，由职业教育专家邓泽民教授指导，依托由高校专家、行业专家、专业骨干教师组成的园林专业教学指导委员会，广泛开展市场调研，形成园林绿化专业人才需求调研和专业课程改革调研报告。由职业院校一线骨干教师和院校专家共同参与开展典型工作任务分析，构建工作过程系统化课程体系，制定专业教学标准，撰写园林专业课程标准，制定园林绿化专业人才培养方案。全书结合教育部职成司函件[2013]77号关于公布国家示范性职业学校数字化资源共建共享计划科研课题项目第一批研发成果“国家级数字化精品课程资源 园林绿化”课题编号：ZYKC201143配套资源，采取实际工作任务导向的顺序进行教材内容编排，具有科学性、系统性、艺术性、可操作性，适合园林、园艺、旅游服务等相关专业和职业培训使用。

此系列教材共6本，分别是《插花艺术》、《园林植物栽培与养护》、《花卉生产技术》、《园林植物保护》、《盆景制作》、《园林规划设计》。本套教材的编写具有以下特色：

1. 体现职业教育特色的教材体系。本套教材体系设计贴近岗位，贯穿职业教育“以就业为导向”的特色。教学内容紧密结合相关岗位的国家职业资格标准要求，并融入职业道德准则和职业规范，着重培养学生的职业能力和职业责任。

2. 体现实用性。专业课程教材以任务为导向，工作过程为主线，由浅入深，强调操作技能。其中《插花艺术》、《园林植物栽培与养护》、《园林植物保护》、《花卉生产技术》有配套的园林绿化专业数字化课程资源（电子教案、多媒体、视频、网络课程等），可以帮助学生轻松掌握课程内容。

3. 具有丰富的生产实践和教学实践经验的高校专家、同行专家、企业骨干、职业学校一线教师组成的教材编写团队，尤其是主编，大都是双师型，且有编写教材的经历，使教材内容和生产实际紧密联系。

4. 形式多样，版式设计清晰，教材配图较多，适于阅读。

本套教材的编写得到了重庆市北碚职业教育中心、西南大学、重庆市风景园林技工学校、重庆市北碚区城市绿化工程处、重庆市北碚区叶鹰盆景专业合作社、重庆宣明园艺场、重庆本勋园林绿化工程有限公司等单位的大力支持，在此深表感谢！

本套教材适合中等职业学校园林、园艺专业选用，也适合作技能培训教材。欢迎各地在使用本套教材过程中提出意见和建议，我们将认真听取，并及时调整、修订。

前 言

Foreword

经过调查统计，中职园林专业学生就业主要从事花店租摆植物养护繁殖、苗圃花卉生产管理、园林绿化施工、小区（单位、学校、公园）绿化维护、苗木营销业务员等岗位。根据这些工种岗位在工作过程中可能遇到实际的典型工作任务为教学主线，结合职业资格证书考核所需知识、能力，设定教学培养目标，能力训练标准，确定教学内容。

本课程内容是在特定环境下，运用各种园林技能，为一定习性的植物提供繁殖、生长、发育所需要的光、热、水、气、肥条件，调节其生长，形成园林景观，满足人们的观赏要求。教材以“项目为主线、教师为引导、学生为主体”，按照项目 - 任务教学法设计，任务完成采用分组训练、过程性评价相结合的方式。要求小组内学生配合并共同完成实习任务，既有相互独立，又有相互协助，使学生的协作能力和团队精神得到良好的锻炼。再适当加上分组比赛，组间竞争则更能锻炼学生的竞争意识，激发集体荣誉感。

在实际教学中，由于农业生产的地域性、季节性、周期性等限制。任务实施时，建议结合教学条件、气候环境及就业需求综合考量，筛选生产实习对象，使学生完整参与从植物习性调查、计划书编写到种子工作（或购买）、播种、培养土配制、育苗、施肥、浇水、移植、花期调控、配置布景等栽培养护的全过程。而苗木养护则利用校园绿化，安排学生从植物种类调查、统计建档到编写校园植物养护月历、园林植物养护日志、实施工作任务、协调安排日常养护。不仅提升了学生基本的园艺技能，而且培养了学生的管理能力、组织能力、协调能力和园林种植规划能力，从而使他们成为有技术、有能力的园林管理者，激发学习动力，为其将来的发展创造更广阔的空间。

本课程由职业院校一线骨干教师和院校专家共同参与，结合教育部职成司函件 [2013]77 号（关于公布国家示范性职业学校数字化资源共建共享计划科研课题项目第一批研发成果）《园林植物栽培与养护》相关教案、PPT、视频、习题等，可供教学和学习参考。

本教材第1单元主要介绍各种植物的繁殖育苗方法对于不同园林植物的适用性，主要由朱小玲和陈远达编写；第2单元中园林植物的肥水管理和防护性管理，主要由潘红宇和李天容编写；第2单元中园林植物的修剪造型，主要由梁靖和田伦编写；而特殊立地环境和特殊类型的植物栽培与养护由张蓉和潘渝冬共同编写；第3单元园林管理工作，旨在培养学生职业发展能力，主要由潘渝冬编写。

在教材编写过程中，由重庆市教科院职成教所所长向才毅、重庆市教科院职成教所副所长谭绍华、西南大学教授李名扬、西南大学教授秦华等专家审阅本书稿，并提出了不少建设性意见，在此对各位专家表示诚挚的谢意！

本书在编写过程中部分图片来自于网络，在此对原作者表示感谢。

由于编者水平有限，编写时间仓促，疏漏之处在所难免，敬请读者批评指正。

目　录

Contents

第2单元 园林植物的栽培与养护

第3单元 园林绿地的管理工作

第1单元

园林植物的繁殖与育苗

■ **单元教学目标**

单元介绍 ☞ 不同的繁殖方法形成的植物在品质、抗性、开花年限等方面存在较大的差异。本项目旨在让学生学会根据植物的习性和自身情况，选择适当的方法，经济、方便、快捷地繁殖，从而快速增加园林植物的个体数量。进而通过育苗管理，使园林植物的品质、性状达到相应的规格，为园林建设提供合格的材料。

能力目标 ☞ 1. 分析各种植物在园林中的功能和运用特点。

2. 选择高效的方法繁殖高质量的园林植物。

3. 通过育苗将苗木培养成合格的园林植物。

园林乔木的繁殖与育苗

教学指导 ☞

项目导言

用播种繁殖乔木，成苗速度慢，但抗性强，运用年限长；用扦插繁殖乔木，成苗快，时间短，但生理年龄大，寿命短。乔木育苗也是一个长期的工作，按照不同用途，进行相应的培育。

项目目标

1. 分析乔木在园林中的功能和运用特点。
2. 选择高效的方法繁殖高质量的乔木。
3. 通过育苗将乔木幼苗培养成合格的园林植物。

任务 1.1 园林乔木的繁殖

【任务目标】 1. 能区别营养苗与实生苗的特点。

2. 能分析乔木在园林中的功能，选择相应的繁殖方法。

3. 会用多种方法繁殖乔木。

【任务分析】 园林上将胸径超过20cm，高度超过4m的树叫大树。这些树构成园林的“骨架”。然而要通过播种繁殖的方法培养大树，所需播种时间很长，因此，可以选用其他的方法，如扦插等。

【任务描述】 乔木高大，寿命长，在园林中起着骨架作用，它的繁殖方法走向两个极端，一个是迅速成型的大枝扦插，这种方法成苗快，但品质较差，利用年限短；另一个是保证其长期利用的播种繁殖，这种方法成苗慢，但抗性强，使用年限可长达数百年。

相关知识：乔木的特点与繁殖方法

一、乔木的特点和在园林中的运用

乔木形体高大，在园林中起着骨架作用，对环境的影响大，形态丰富多彩，给人印象直观深刻，可构成园林的主景、配景，以观赏其自然形态为主。

（1）乔木的体量大，在园林中，形成整个园林的外观和轮廓，是园林的骨架，构成园林最基本的特色。可改观地势，划分空间。

（2）乔木形体高大，通过配置，以形态美构成园林的主景、配景，是园林结构中最主要的组成成分。可以孤植做主景观赏，列植引导视线，对植彰显其他景观。

（3）乔木对环境的影响大，它能遮阴避雨，隔绝噪音，吸附灰尘，杀灭细菌，净化空气，它能让人融入园林中，而不是一个简单的旁观者。

（4）乔木构成了园林稳定的结构，而且养护费用低，常绿植物奠定了园林的基本色调。

（5）高大落叶乔木所表现出来的明显的四季变化，给人以强烈的季相刺激。

二、乔木的繁殖方法及其适用性

（1）乔木以播种繁殖为主，因为播种繁殖的苗子抗性强，根系发达，寿命长，适应性强。但通过播种繁殖到乔木长成需要漫长的时间，少则十余年，多则数十年，周期极长，投资回报缓慢，占用土地面积大、时间长（如图 1-1 所示）。

（2）乔木的观赏期长达数百年，相比播种繁殖，采用扦插繁殖能够缩短的时间有限，成苗期也相差无几，但其抗性变弱、寿命缩短。在种源不足的情况下，雪松、南洋杉也可以利用小枝扦插（如图 1-2 所示）。

（3）在以观花为主的开花乔木和以生产果实为主的果树栽培中也大量地运用嫁接技术，如广玉兰、白兰花、桃、柑橘等。嫁接既能保持接穗母本的优良性质，也能具有砧木的发达根系，但是涉及砧木的繁殖、嫁接技术等，较为复杂（如图 1-3 所示）。

图 1-1　香樟播种苗

图 1-2　雪松扦插苗

图 1-3　广玉兰嫁接苗

（4）在一些珍贵而经济价值极高的树木栽培中甚至用到了组织培养方法，如红豆杉，其所需要的技术、资金和回报周期，非一般个人或企业能够承受（如图 1-4、图 1-5 所示）。

（5）园林建设乔木需要量非常大，为满足需求和市场，部分再生力较强的乔木，如小叶榕、黄桷树、刺桐、杨树、柳树、悬铃木等采用大枝扦插的方法繁殖。采用多年生的粗壮枝条作为插穗扦插繁殖大苗木，可在 4 ～ 5 年内形成大苗，出圃用于园林建设（如图 1-6 所示）。

图 1-4　红豆杉组培苗

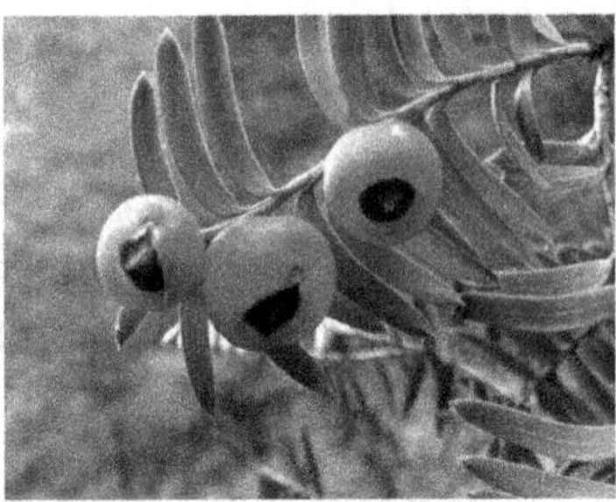

图 1-5　红豆杉果实

图 1-6　黄桷树长枝扦插繁殖

温馨提示

实生苗与营养苗

实生苗是通过播种繁殖获得的苗木。它是由父本和母本性细胞融合所产生的新个体，个体发育时间从零开始，可塑性强，但常因环境影响而发生变异，常常出现返祖现象。实生苗生长根形成直根系，具有根系发达、寿命长、抗性强、繁殖方法简单等优点，但同时也有开花和结果晚、成苗慢、不能保持母体优良性状等缺点。

营养苗是利用母体营养器官再生能力所形成的新个体。其优点是性状相对稳定，生理年龄为母体的延续，因此，它能保持母体的优良性状，开花、结果早，是不结种子的植物的主要繁殖方式。利用自然的“芽变”进行无性繁殖，还能形成新品种。其缺点是生理年龄大、抗性较差、寿命较短。

活动1　种子采集、处理与储备

【活动目标】

1. 采集成熟的种子（或果实或果序）。
2. 保质保量地将种子从果实中取出。
3. 去掉杂物，选择优良种子。
4. 运用最佳方式储存种子。

【活动描述】

择优选取植物（本活动主要为木本植物），选择最佳时间采集种子，并去掉杂物，储存至该种植物最佳播种时间，用于播种繁殖。种子工作流程如下：

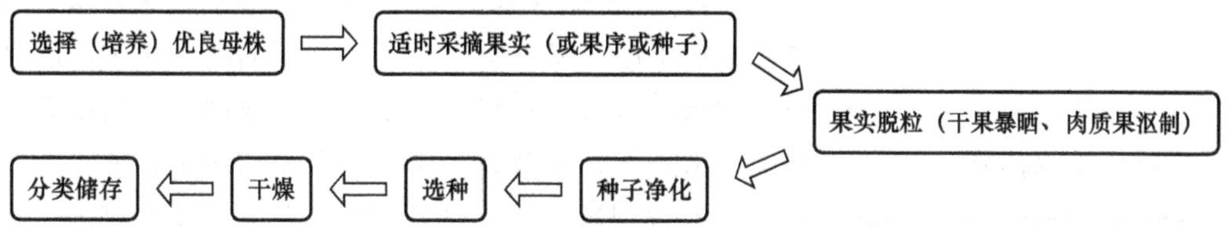

【活动内容】

一、采收、制种、贮存、选种

采收，然后通过制种，即将种子从果实中取出，去掉杂质；再通过筛选、水选、风选，甚至粒选的方式选择籽粒饱满、充实、具有光泽，具备该种植物优良品种品质的种子，根据其含水量和种子习性储藏至播种期（如图1-7、图1-8所示）。

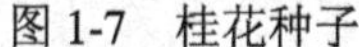

图1-7　桂花种子

图1-8　香樟种子

（一）选择优良母株

种子采收首先要保证择优采种，即选用健康生长、品种特征明显、壮龄、无病虫害的树木，采收其向阳、健康的种子。部分植物如雪松，因雄花开花较雌花早，花期不遇，需要储存花粉，并人工授粉。

图 1-9　槐树的果实

（二）种子采收

1. 采集时期

采集时期对种子的质量要求非常高。采收过早，种子尚未成熟，种子内部营养物质的积累尚不足够充分、含水量高，贮藏或播种时易发生烂根，发芽率低；采收过晚，种子易脱落或被鸟、虫蛀食。但也有少数树种种子成熟后，在母株上经久不落，如苦楝、国槐、臭椿等，可在播种前随采随播（如图 1-9 所示）。

2. 采种工具

为了提高采种工效和尽量少损伤采种母株，采种时应根据需要准备好各种采种工具。如采种镰刀、采种布、采种袋、高枝剪、簸箕、扫帚、安全帽、采种梯等（如图 1-10 所示）。

图 1-10　高枝剪

3. 采种方法

采种方法分手摘、工具采摘、击落捡起等方法。有摘果实、摘果序、摘种子之分。对不同的树种种子，应采取不同的采种方法。对较大的果实，可采用竹竿敲击或用采种镰、采种钩、高枝剪采摘。对较小的果实、种子，可用手摘或采种钩采摘，在树下铺好采种布，便于收集。对各种较低的花灌木，采种时可采用手摘或用枝剪将果穗剪下。采种时要注意两点：一是要注意人身安全，上树必须系好安全带，戴安全帽，并防止采种工具和树枝砸伤树下人员；二是要注意保护母树，尽量减少母株枝叶的损伤，以免破坏树形。

图 1-11　银杏种子
（含肉质外种皮）

（三）制种

1. 肉质果（如图 1-11、图 1-12 所示）

堆放、加水、揉搓，使肉质果皮沤制腐烂，然后通过淘洗杂质，净种并阴干。

2. 干果（如图 1-13、图 1-14 所示）

阳光暴晒，使果皮干枯、碎裂，种子脱粒，通过筛簸，去掉杂质，净化、选种。

图 1-12　银杏种子
（含硬质中果皮）

图 1-13　松球

图 1-14　松子

(四)选种

1. 风选

风选法是根据种子比重差异原理，利用风车选种的方法。一般在种子数量巨大时采用此法。

2. 筛选

筛选法主要是根据种子大小差异，利用各种孔径的筛子，筛去杂物，留下标准大小的种子。

3. 水选

水选法是按照种子比重的差异和水的浮力来选择种子的方法。饱满的种子比重较大，多超过1，利用清水浸泡种子，去除漂浮杂物及瘪种。还可以在清水中加入泥浆、盐水等方法调节水的比重，进一步选择饱满充实的种子。

4. 粒选

粒选法就是逐粒选择种子的方法。主要用于个体较大的种子，观察种子大小、色泽等外观特点，对比标准图谱或标准样品，逐粒选出符合要求的种子。

(五)种子储藏

1. 干藏(如图1-15所示)

干藏分普通干藏、低温干藏、密封干藏等多种方式。普通干藏、低温干藏：将种子放入布、纸等口袋中，并放入干燥的地方或冰箱冷藏室中。密封干藏：将种子放入具有干燥剂的密封容器中进行储藏的方法，一般用于易回潮油脂含量高的种子。注意干燥剂不能直接接触种子。

图1-15 普通、低温干藏

2. 沙藏

利用湿沙，一层种子一层沙(5～10cm)进行堆埋或坑藏种子的方式。含水量高和需要后熟的种子多采用此种方式储藏。种子不多时，可以采用填入瓦质花盆中，按一层种子一层沙的方式层积(如图1-16所示)。

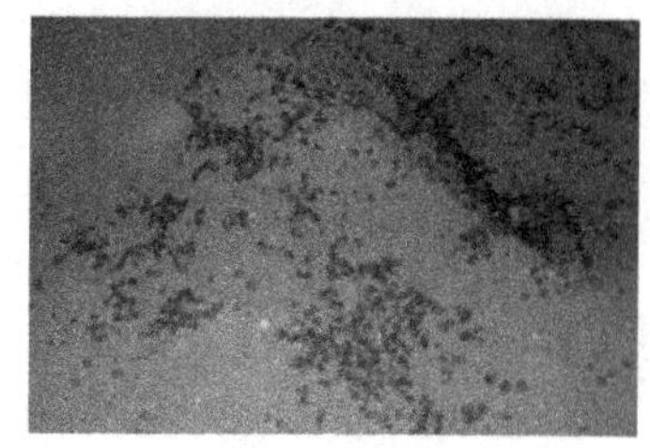

图1-16 沙藏

3. 水藏

部分水生植物(如睡莲)的种子需要泡在湿润的淤泥中进行储藏。

二、种子购买

购买种子时，除要求种子品质优良、品种纯正、健康饱满，具有生活力外，种源地还要具有以下3个特点。第一，就近购买；第二，同纬度地区种源购买；第三，相似的种源地购买。不论是自己储存还是购买的种子，在播种前均要检测，测定发芽率、发芽势、千粒重等生理指标，以便计算播种量。

活动2　种子品质的检测

【活动目标】

1. 随机抽样。
2. 按序测定种子净度、重量（千粒重）、生活率等技术指标。
3. 测定种子发芽率。
4. 按生产规模（多为数量），根据公式计算出播种量（多为重量）。公式如下：

播种量（kg/亩）（1亩=667m^2）=每亩计划育苗数÷每千克种子粒数×种子纯净度×种子发芽率

【活动描述】

运用各种技术手段，对随机采样的部分种子进行多个性质特征的检验。分析种子的质量，计算播种量。种子品质的检测工作流程如下：

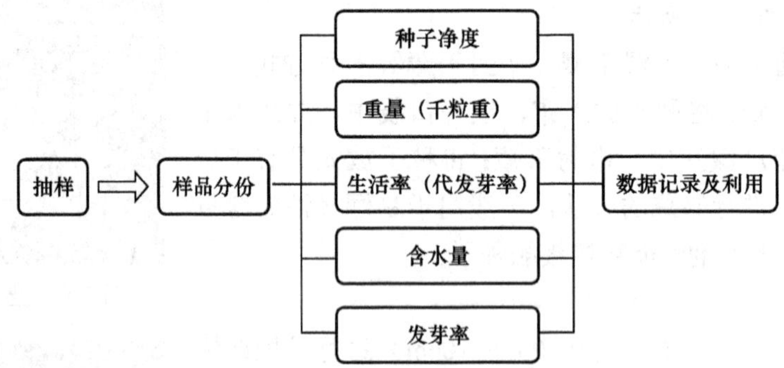

【活动内容】

一、种子抽样

正确的抽样程序分为两个阶段：第一个阶段从一个批次的种子中随机取出样品，形成混合样品；第二个阶段是从混合样品中取出送检样品。

二、种子净度

种子净度是指纯净种子重量占总重量的百分比。

三、种子重量测定

随机选取一定量的种子称重、数粒，并折算成千粒重。

四、种子发芽率

图 1-17　发芽试验

1. 发芽试验

各种种子播种前均需进行发芽率试验，随机取多粒种子，用温水浸涨后放入垫有湿润纱布的培养皿中（如图 1-17 所示），在温度 22℃左右条件下催芽，检验种子发芽率、发芽势，以便确定播种量。

种子发芽率 =（发芽种子粒数 ÷ 供试种子粒数）×100%

发芽势是指一定时间内的发芽率。生产上不可能长时间地刺激和等待种子发芽，一般尽快发芽的种子才有生产上的意义。

2. 生活力（发芽率）的快速测定

种子潜在的发芽能力叫生活力，即要存活的种子才能发芽。将种子投入染色剂（靛蓝）中，存活的胚细胞具有选择透过性，不能够被染色剂染色，被染色的则不能存活。故该方法可以用于大粒发芽慢的种子的快速检测（替代发芽率试验）。

五、种子播种量计算

播种量（kg/ 亩）= 每亩计划育苗数 ÷ 每千克种子粒数 × 种子纯净度 × 种子发芽率

在生产实际中播种量应视土壤质地松硬、气候冷暖、病虫草害、雨量多少、种子大小、播种方式（直播或者育苗）、播种方法等情况，适当增加 0.5 ～ 2 倍。

活动 3　播种繁殖

【活动目标】

1. 能根据植物生长习性和天气选择适当的播种时间。
2. 建设并耕作，形成适合种子萌发的苗床。
3. 能完成播种工作，保证较高的成活率。

【活动描述】

在自然条件下，选择适当的季节，在耕作过的苗床中完成一定数量的播种任务。虽然，可以按照种子的大小选择不同的播种方法，但为了保证成活率和出苗后的通风透光，选用点播繁殖。其缺点是在大规模生产中，投入的人力和物力较多。播种繁殖的工作流程如下：

选择或建设播种苗床 ⇨ 播前耕作 ⇨ 种子预处理 ⇨ 播种繁殖 ⇨ 播后管理

【活动内容】

一、播种

理论播种方法有点播、撒播、条播 3 种。

一般来说，大粒和珍贵的种子用点播的方法，即按一定的株行距，挖穴、播种、覆土，其播种方法麻烦，但出苗整齐，通风透光好，苗期管理方便。

撒播一般用于小粒种子，即将种子均匀地撒在苗床上的方法。这种方法播种方便，但难保均匀，通风透光差，出苗后需及时移栽间苗。

条播方法为开沟等距条播，特点介于以上两种方法之间。

播种后及时浇水，苗床播种注意用细孔喷壶浇水，盆钵播种用浸盆法浇水，防止水流对种子的冲刷，并可根据天气状况的差异，覆盖薄膜或其他遮盖物，保湿增温。

二、发芽率的提高

（一）创造种子萌发的最佳环境温度、湿度、氧气条件

1. 选择适宜的季节

春、秋温暖潮湿的季节适合大多数种子发芽。

2. 配制肥沃疏松的基质

种子萌发需要大量的氧气，基质可加入疏松透气的介质。

3. 创造良好的环境条件

种子发芽需要其重量数倍的水分，利用塑料小棚、温床、喷雾等方法，为种子发芽创造良好的环境条件，在保湿的同时还可以起到保温的作用。

（二）种子处理，减少不利于种子发芽的因素

1. 揉搓

凡外壳有油蜡的种子，如玉兰、乌桕等，可用草木灰加水搅成糊状拌入种子，揉搓去蜡层或油皮再播种。

2. 破皮

草本荷花、美人蕉等种皮较硬，播前需挫伤种皮，用温水浸泡 24 小时后再播种。榆叶梅的种子入冬封冻前播种，并浇透水，冬季种子外壳被冻裂，第二年春天即可发芽。对于种皮较厚的木本花卉，春播前一般都要进行催芽，以利出苗快而整齐，成苗率高。

3. 水浸催芽（如图 1-18 所示）

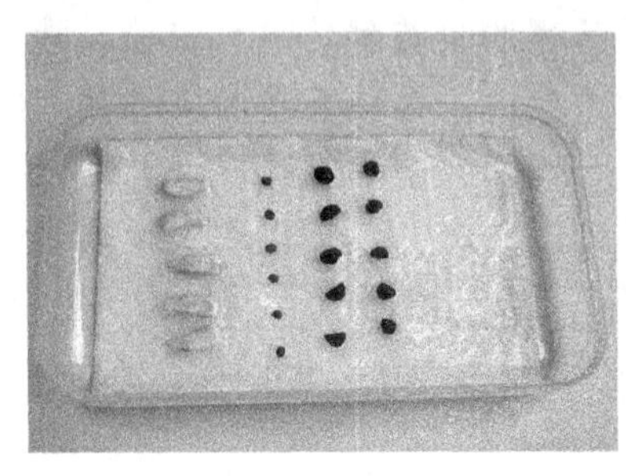

图 1-18　水浸催芽

种子可用 3 种水温处理：一是冷水浸种催芽，水温 0℃以上，适用于种壳较薄的种子，如紫藤、棕榈、腊梅、雪松等；二是温水浸种催芽，水温 40 ～ 60℃，适于种壳较厚的种子，如牡丹、芍药、紫荆、枫杨、国槐、侧柏、金钱松等；三是热水浸种催芽，水温 70 ～ 90℃，适用于种皮坚硬的种子，如合欢、刺槐、樟树等。浸种时水的用量约为种子的 3 倍，倒入水时要搅拌，使种子受热均匀。

用热水浸种时，待水温降到自然温度后，即停止搅拌，浸泡 1 ～ 3 天，待种子吸水膨胀后，捞出放于 18 ～ 25℃温度下催芽，每天用温水淋 1 ～ 2 次，并注意轻轻翻动，待种子“歪嘴”或“露白”后方可播种。

4. 层积催芽

所谓层积催芽，是用 3 份湿沙土和 1 份种子混合后，在 0 ～ 7℃温度条件下保湿冷藏。广玉兰、含笑、白玉兰、忍冬科以及隔年才能发芽的种子，都需要层积催芽。此外，对长期休眠的种子或隔年出芽的种子，可采用变温催芽法，即浸种后白天保持 25 ～ 30℃，夜晚温度为 15℃左右，反复进行 10 ～ 20 天，则可促进发芽。如桂花、冬青、珊瑚树等，均可采用此法。

活动 4 园林乔木的长枝扦插

【活动目标】

1. 结合修剪，剪取乔木粗壮侧枝。
2. 对侧枝进行分类、修剪，形成插条。
3. 根据插条的大小，分区域扦插。

【活动描述】

部分植物再生能力强，选取其粗壮侧枝，用于扦插，可以短时间内获得形体高大的乔木，是一种成本低、见效快的培养园林树木的方法。长枝扦插工作流程如下：

整形修剪 ⇨ 搜集侧枝 ⇨ 修剪为插条 ⇨ 插条基部处理 ⇨ 分类分区域扦插

【活动内容】

一、扦插在乔木繁殖中的应用

普通扦插繁殖的苗木抗性较差，寿命、树冠形态以及中期生长都较播种苗木有一定的差距，在大型乔木繁殖中运用的并不多，主要用于种子来源不易的情况。注意最好是在幼龄母树上采集枝条作为繁殖材料，其再生能力较强，成活率要高一些。在部分弥补种子种源不足的情况下，雪松、南洋杉、红皮云杉可以利用小枝扦插（如图 1-19 所示）。

图 1-19 红皮云杉

二、大枝扦插的适用性

园林建设乔木需要量非常大，为满足市场需求，部分再生力较强的乔木，如小叶榕、黄桷树、刺桐、杨树、柳树采用大枝扦插的方法繁殖。采用多年生的粗壮枝条作为插穗扦插繁殖大苗木，可在 3 ～ 5 年形成大苗，出圃用于园林建设（如图 1-20、图 1-21 所示）。

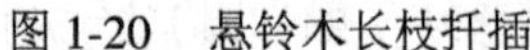

图 1-20　悬铃木长枝扦插　　图 1-21　刺桐长枝扦插

三、大枝扦插的技术要点

大枝扦插仅适用于再生能力较强的一些树种，也应注意最好是在实生幼林母树上采集大枝作为繁殖材料，否则，容易造成苗木因为生理年龄大，而迅速衰败、枯朽，降低其使用能力和年限，甚至因为其抗病虫害的能力差而造成安全隐患。

大枝扦插的技术要点：选取幼林母树去顶，促发粗壮侧枝，然后将粗壮侧枝锯下，根据粗细和长短进行分类，保留 1.2 ～ 1.5m 长度，并保留顶部两三个分枝及叶片数张即可。要求枝干直立，下部 1m 左右无分枝，然后用利斧或刀将枝条的基部十字形劈破 10cm 左右，塞入小石块或小枝条，以增加表面积，并将伤口蘸上黏稠的泥浆。为提高繁殖力，泥浆内可加入生根粉。挖穴，将枝条基部扦插入土，生根需要大量的氧气，过深不能生根，入土深度 20cm 左右，较粗或长的枝条入土深度不能超过 30cm，压实、浇水，设立支架固定以防倒伏。注意遮阴，保持潮湿，两三个月后即生根。

任务训练与评价

【任务训练】

以小组为单位，根据季节和地区条件，完成以下任务，并填写表 1-1 ～表 1-3。

1. 复羽叶栾树（或银杏、香樟、松类）的种子工作及播种繁殖。

2. 选择体积较大种子或豆类种子，进行种子品质检测园林花卉种子。

3. 小叶榕（或悬铃木、黄葛树、刺桐）的长枝扦插。

表1-1　种子工作表

采种种类	采种时间	采种方法	采种量	制种方法	种子储存方法

表1-2　种子品质检查表

种子名称、数量	种子净度	种子千粒重	种子发芽率	种子发芽势	种子储存方法

表1-3　长枝扦插工作表

扦插植物	枝条大小（胸径、高度）	枝条处理	入土深度	支撑与保护	种子储存方法

【任务评价】

根据表1-4的评价标准和以上3个表格所反映的质量与数量标准，对小组进行评价。

表1-4　任务评价表

项目	优良	合格	不合格	小组互评	教师评价
种子工作	采种、制种、储存方法适当，种子品质高	能完成种子工作，获得有较强生命力的种子	种子工作某一环节或多环节技术不当，造成种子品质差，或霉变丧失生活力		
种子品质检测	检测方法正确，检测数据精确，播种量计算准确	能正确掌握检测方法，对种子进行各种数据的检测，得出较为合理的数据	检测方法错误或数据不准确，计算量缺乏科学性		
长枝扦插	长枝扦插成活率高，能尽快形成高品质的苗木	有一定比例的成活率（大于80%）	成活率低，或后代品质差		

任务1.2　园林乔木的育苗

【任务目标】1. 能运用各种方法，培育园林苗木发达的吸收根系，利于移植成活。

2. 能根据园林苗木的品质要求，对园林苗木茎干的形态进行培育养成。

3. 能运用多种手法，形成一定的冠型，满足园林植物的功能要求。

【任务分析】1. 在苗圃培养的园林苗木终将会移栽到城市园林中，移植过程中会对根系造成伤害，影响植物的水分和养分吸收，甚至危及苗木生命，因此，培养一个发达的根系是移栽成活的关键。

2. 城市中的园林植物行使着不同的园林功能，处在不同的生长环境，有着各种树体结构要求，有的是方便行人的通过（如行道树的枝下高），有的是为了增加绿荫面积，有的是为了规避市政设施等。因此，必须对树木进行培干。

3. 将苗木的树冠培养成不同的形状，有的纯粹是为了观赏造型，有的是为了促进花果发育，有的是为了分隔园林空间等，因此，我们必须对树的冠型进行修剪培育。

【任务描述】繁殖成活的园林乔木要经过一定时间才能长大，形成理想的植株结构，从而满足一定的园林用途。为满足园林的功能要求，对植物的根、茎、冠进行相应的培养，是园林植物育苗的方向。

相关知识：乔木的育苗

一、育苗的目的

（1）刺激根系生长，利于移栽成活（如图1-22所示）。

（2）形成一个理想的树形（如图1-23所示）。

（3）调节植物的生长势（如图1-24所示）。

图1-22　台地利于土团形成

图1-23　理想的树形

图1-24　整形使树冠亭亭如盖

（4）促进开花结果或防止开花污染。修剪营养枝，促进开花枝，可以促进园林植物和果树大量开花结果。而悬铃木（法国梧桐）花果多毛，可能产生大量的飞絮，污染环境。2～3年一次的强行修剪，去掉主要侧枝，让枝条达不到营养生长年限，从而减少开花污染（如图1-25所示）。

（5）规避重要的市政设施（如图1-26所示）。

（6）消除安全隐患（如图1-27所示）。

图1-25 修剪可促使苹果丰产

图1-26 过密的枝叶阻挡了交通标志

图1-27 重心不稳的树

二、育苗

（一）养根

1. 养根的作用

（1）利用根系在土壤中生长所形成的固着能力，保持苗木的稳定，抗拒外力特别是大风的吹拂。

（2）根系是植物吸收养分和水分的主要器官。良好的根系可以让植物生长健壮。

（3）苗圃中的苗木最终会被移栽进入园林中，良好的根系能保证其成活。

（4）增加观赏，盘绕虬扎的根系也是良好的观赏对象。

2. 养根的方法（如图1-28～图1-30所示）

（1）挖掘环状沟，刺激新根萌发。如用砖石简单堆砌为高于土面20～50cm的环状台地，填土萌生侧根，形成土团，效果更好。

（2）移植，锻炼和刺激植物吸收根的产生。

（3）特殊栽植方式，利用特殊容器种植或预埋帆布袋、编织袋、竹篓等，形成天然土团，方便起苗，保证成活。

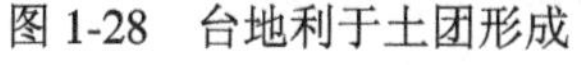

图1-28 台地利于土团形成

图1-29 编织袋护根

图1-30 新型多孔控根器

（二）培干、蓄冠，形成理想树形

1. 培干的作用（如图1-31、图1-32所示）

（1）满足相应的园林功能，如行道树枝下高（最矮分枝高于地面2.5m）的形成。

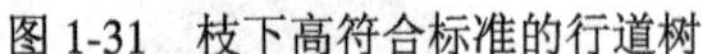

图 1-31 枝下高符合标准的行道树

图 1-32 枝下高不合格的行道树

图 1-33 未造型的苗木

图 1-34 造型后的苗木

（2）满足园林的观赏功能，如盆景主干造型、对弯、掉拐（如图 1-33、图 1-34 所示）。

（3）满足植物的生长要求，形成均衡稳定的生长势。

（4）在园林中，树冠具有以下作用：景观作用、季相作用、环保作用、背景作用、引导作用、控制视线、空间分隔。

2. 造型、蓄冠的方法

（1）移栽间苗，为树冠的形成留下较大的空间。

（2）盘扎牵引，人工控制树冠形成理想的状态。人工盘扎，形成一定的造型。

（3）修剪控制，人工控制树冠形成理想的形态。运用“放”的手法，去掉主干侧枝和近地枝，形成粗壮独立的主干。运用“疏”的手法，去掉杂枝，重点培养 3 ～ 5 个骨干枝等。

活动 1 常见的园林乔木造型识别

【活动目标】

1. 能观察常见园林乔木造型，识别其主要特征。
2. 能分析园林乔木造型的结构特点，并进行分类。
3. 能学会各种形式的造型手法。

【活动描述】

观察乔木外部形态，了解其造型过程，理解其造型目的，学会其造型方法。工作流程如下：

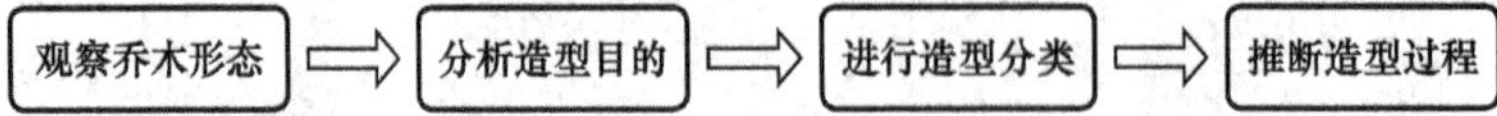

【活动内容】

一、自然形整型

自然形整型包括球形、圆锥形、半球形、自然垂枝形。修剪只疏除、回缩、短截破坏树形或有损树形健康或行人安全的过密枝、徒长枝、交叉枝、重叠枝、病枯枝（如图 1-35、图 1-36 所示）。

图 1-35 自然垂枝形（柳树） 图 1-36 自然半球形（桂花）

二、混合形整型

混合形整型包括中央领导干形（疏散分层形）、自然开心形（如图 1-37、图 1-38 所示）、伞形（如图 1-39、图 1-40 所示）、扇形，是以树木原有自然形态为基础，人工改造、引导、修剪而形成的造型方式。如悬铃木自然生长为主干式大乔木（如图 1-41 所示），人工修剪为杯形（如图 1-42 所示），既增加绿荫，又方便养护。

图 1-37 自然开心树形（槭树） 图 1-38 自然开心形（桃花） 图 1-39 伞形（垂枝榆）

图 1-40 伞形（龙爪槐） 图 1-41 自然生长的主干式 图 1-42 人工修剪的杯形造型

三、规则式整型

规则式整型，多呈几何建筑型，为人工强行修剪而成（如图 1-43、图 1-44 所示）。

图 1-43　几何形的行道树

图 1-44　亭状造型的柏树

活动 2　大枝修剪

【活动目标】

1. 能利用“三锯法”安全高效地进行大枝修剪。
2. 能理解侧枝修剪角度及留桩的数据。
3. 能树立安全意识。

【活动描述】

乔木的侧枝比较粗壮，位置较高、体积大、重量沉。在修剪时，首先应考虑安全问题，还要保证减少对植物的伤害。大枝修剪工作流程如下：

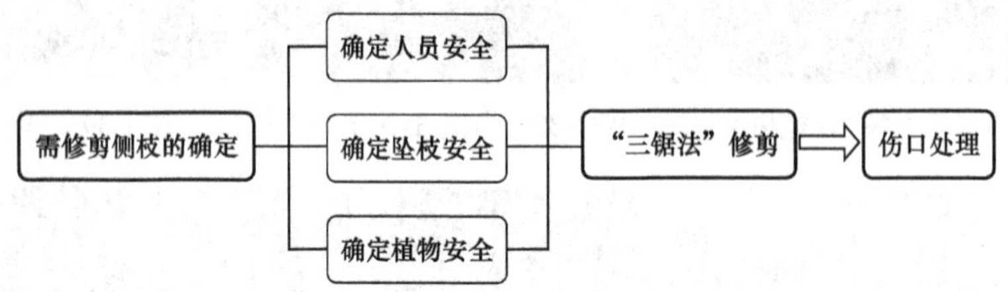

【活动内容】

一、大枝修剪的方法

1. 修剪工具的使用

大枝的修剪使用锯，不可使用刀劈，因为锯子能有效地控制方向和深度，而且切面平整，有效地减小伤口表面积，减少病虫害的孳生。

2. “三锯法”

“三锯法”口诀：“一下、二上、三终，剪口平滑不劈裂（如图 1-45 所示）。”

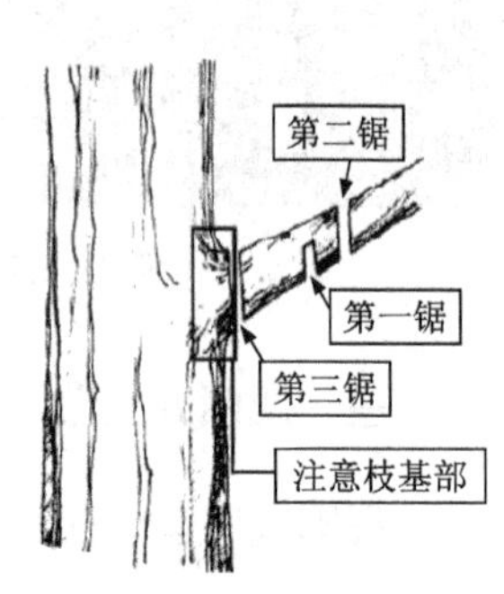

图 1-45　三锯法

第一锯：一般由侧枝下部向上垂直开锯，锯口离主干 10 ～ 20cm，

由于枝条重力弯曲而产生的咬合力越深越费力，所以第一锯的深度为侧枝直径的 1/3 或 1/2 即可。

第二锯：在第一锯上方 10cm 左右，由上往下锯。由于侧枝重力原因，一般锯至侧枝茎粗的 1/2 左右，就有撕裂的危险，要注意安全。一般有第一锯的保护，撕裂后会从第一锯处断裂。

第三锯：从侧枝分支处向下将第一锯产生的侧枝留桩去掉，不要完全紧贴主干锯取，应为侧枝底平面与主干夹角的一半左右为宜。下部有数公分的留桩，供主干长粗愈合。

3. 剪口角度和位置的正确处理方法

（1）当枝基隆脊（左 图 A）及枝环痕（左图 B）能清楚见到，则在隆脊与环痕连线（左图中 A-B）外侧截枝。

（2）如果枝分支角度大，可沿枝基隆脊作主干平行线（中图右线），再于同点做侧枝低面积平行线（中图左线），其两线的角平分线（中图中线）即为正确的截口位置和角度。

（3）先从枝基隆脊处（右图 A），设欲截枝的垂直线（右图中 A-B）及枝基隆脊线（右图中 A-D），然后平分该两线的夹角（右图中角 BAD），平分线（右图中 A-C）即为正确的截口位置。

（4）枯死枝的截口位置。枯死枝的修剪，截口位置应在其基部隆起的愈伤组织外侧，如图 1-46 中的截口位置所示。

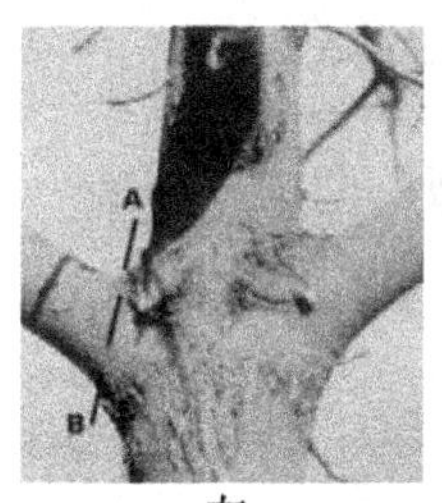

左

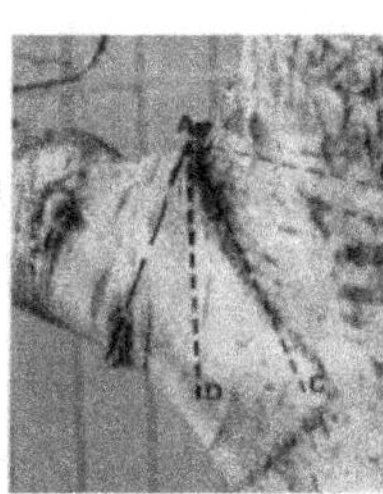

中

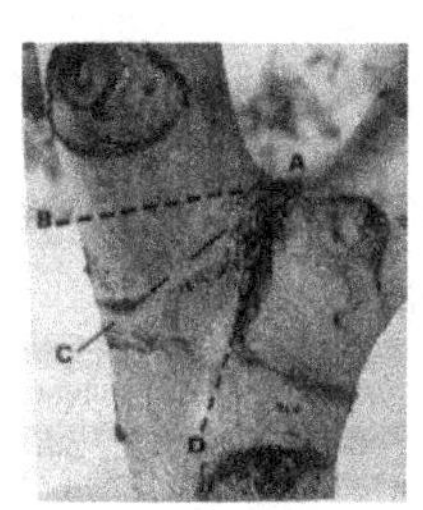

右

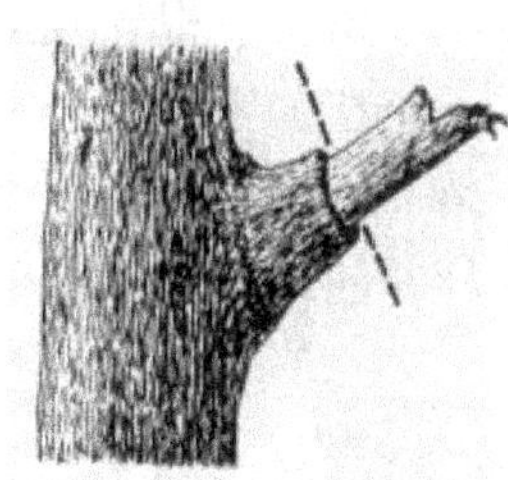
截口位置

图 1-46　剪口位置和角度

4. 剪口的保护

大枝修剪会形成许多伤口，其中，大于 3 ～ 5cm 的剪口处，应涂抹保护剂。保护剂分液体和固体两类，具体配方见温馨提示。

温馨提示

修剪伤口的保护剂

1. 固体保护剂：取松香4份、蜂蜡2份、动物油1份。先把动物油放在锅里加热溶化，然后将旺火拆掉，立即加入松香和蜂蜡，再用文火加热并充分搅拌，待冷凝后取出，装入塑料袋密封备用。使用时，只要稍微加热令其软化，然后用油灰刀将其抹在伤口上即可，一般用此封抹较大的伤口。
2. 液体保护剂：原料为松香10份、动物油2份、酒精6份、松节油1份。先把松香和动物油一起放入锅内加温，待熔化后立即停火，稍冷却后再倒入酒精和松节油，同时随时搅拌均匀，然后倒入瓶内密封贮藏，以防酒精和松节油挥发。使用时用毛刷涂抹即可，这种液体保护剂适用于小的伤口。

二、大枝修剪的安全防护

对于过大枝条的修剪，应采用多重安全防护。

1. 工具的使用

以锯子、电锯、油锯为主。另备梯子、绳索等。

2. 爬高的保护

应捆绑安全绳。

3. 重枝倒下的力度和方向控制

可用绳索捆绑过粗侧枝的上部，用滑轮固定于乔木上部枝条，吊挂该侧枝，由地面人员控制其倾倒方向，缓解其下坠力度。

4. 乔木的保护

注意个人安全、行人安全，以及树木保护、工具爱护、环境清洁等。

任务训练与评价

【任务训练】

以小组为单位，根据季节和实际情况，选择学校或苗圃繁殖的苗木进行培育，完成以下任务。

1. 小叶榕气生根养根造景。
2. 天竺桂养根。
3. 培养行道树的悬铃木（法国梧桐），作“三大主干杯状造型”的培干训练。
4. 桂花的球形树冠蓄冠训练。

【任务评价】

根据表1-5的评价标准，进行小组评价。

表1-5　任务评价表

项目	优良	合格	不合格	小组互评	教师评价
养根	选择方法廉价、快捷，移植成活率提高	能通过各种途径，刺激根系生长，保证一定的成活率	根系培养不达要求，造成移栽成活率低		
培干蓄冠	培干方法适合树木的园林功能，技术过关，达到理想树形	干型接近要求	干型不适合该苗木的利用		
造型	蓄冠效果好，达到造型要求	树冠接近造型要求	树冠狭小，不美观		

知识拓展：榕树气生根养根造景

榕树有“绿色文物”和“活的化石”之称。古榕树就有“独木成林”的现象，其四季常青，树冠巨大，枝繁叶茂，景观奇特。其根系盘曲虬扎，形态奇特，气生根茂盛如须，别有一番景致。但是，其气生根

生长需要温暖潮湿的环境才能逐渐伸长。在园林中，我们可以利用一些手段接气生根入土，构建出丰富的层林植物景观，组织园林空间、支撑树体、复壮树体和固土护堤，形成“独树成林”或“天然拱门”的景观的效果（如图1-47所示）。刺激气生根产生的方法主要有（如图1-48～图1-50所示）以下几种。

图1-47　榕树的根

图1-48　榕树气生根的培养

图1-49　独树成林

图1-50　发达的榕树气生根

（1）靠接法，即将根系较多的小榕树接于所要造型的榕树的枝干上。

（2）半折枝法，即于侧枝近主干处割一刀，深达木质部，用手轻轻折断，并用泥浆堵住伤口。不久后，从断裂处就会长出许多侧根。

（3）金属丝绑扎法，根据造型要求，选择需要生长气根的树枝，用铁丝缠绕一圈，扎紧，迫使树液不能流通。不久后，即可从伤口处生出乳白色的根芽。

刺激气生根伸长的方法：除热带雨林外，很少有足够的温度和湿度条件让气生根伸长到达地面，大多数气生根悬于空中，要让气生根入地形成“柱根”的方法有多种。以前民间多用竹筒打通竹节装土，连接气生根和地面，让气生根形成根毛，变为吸收根，在竹筒内逐渐伸长。现在也有悬挂种植袋，种植袋随着气生根的生长逐年下降，让气生根到达地面。

园林灌木的繁殖与育苗

教学指导 ☞

项目导言

灌木形态、颜色及花色丰富，观赏性极强，在园林中的用途广泛。其品种众多，为了保持亲代优良的观赏性状，主要采用营养繁殖，以扦插为主，丛生性的可分株，扦插不易成活的可压条或嫁接。

为了保证灌木“色、形、香、韵”等方面优良的观赏性，我们往往采用无性繁殖。无性繁殖中扦插最为方便，分株成活率最高，但前者受限于部分灌木习性难以生根，后者限于丛生植物。压条繁殖对母株伤害大，繁殖量极有限。嫁接苗兼有砧木的实生根系和接穗的优良品质，用途极广。

项目目标

1. 能分析灌木的生长特点和在园林中的作用。
2. 能根据灌木的观赏特征及生理习性，选择适当的繁殖方式。
3. 能利用适当的方式和技术，繁殖灌木。

任务2.1 园林灌木的繁殖

【任务目标】 1. 能根据不同的灌木种类和生长习性，选择适宜的繁殖方法。
2. 能运用各种繁殖方法繁殖各种灌木。
3. 能采用各种方法提高繁殖的效率和灌木品质。

【任务分析】 无性繁殖中，分株成活率最高，但限于丛生性植物；压条在连接母体的情况下，完成愈合生根的过程成活率极高，但对母株伤害较大；扦插方便快捷，材料来源广泛，但限于植物习性，成活率差别很大。而嫁接兼有实生苗和营养苗的优点，但繁殖过程复杂，技术要求高。

【任务描述】 灌木种类丰富，形态各异，多以观花、观叶、观果为主，是园林中重要的组成部分。根据不同灌木的习性，多选择营养繁殖方法进行繁殖，以保持其母本的优良性状。

相关知识：园林灌木的运用特点及繁殖方法的选择

一、灌木的生长特点和在园林中的作用

园林灌木多以开花、花色、花香、花形以及叶色、叶形的丰富多彩在园林中起着重要的点缀、丰富季节色彩的作用，广泛种植于道路、广场、庭院、湖滨等地方，还可作为盆栽及盆景。其种类、品种、变种极为丰富，决定了园林灌木的繁殖方法应以无性繁殖方式为主，以保持其优良品质。其造型丰富，是最能体现季节色彩的、色彩最为丰富、观赏性最强的园林景观的最重要组成部分。通过修剪可以形成各种造型，是观赏性、装饰性极强的园林材料。

二、园林灌木繁殖方法的选择及原因

无性繁殖方法中以扦插方法最为简便，生长最快、繁殖容易，故能扦插成活的均采用扦插繁殖（如图 2-1 所示)，扦插难以成活的则运用园艺及激素等多种措施刺激扦插成活。扦插实在难以成活的则采用其他繁殖方法。

图 2-1 月季硬枝扦插

（1）嫁接繁殖：既可以保持母体的优良性状，又可以利用砧木实生苗的根系，兼有营养苗和实生苗的优点，在园林中采用比较多，但其繁殖周期较长，技术难度较大，投入的人力和物力多，成本高。

（2）分株繁殖：仅能用于丛生性植物或球根花卉，具有种类上的限制。

（3）压条繁殖：有种源、操作和数量上的限制，一般用于小批量名贵花木繁殖。

活动1　灌木的扦插繁殖

【活动目标】

1. 能根据季节和植物习性，选择恰当的方法，进行扦插繁殖。
2. 能对插条进行各种方式的处理，提高扦插成活率。
3. 能根据季节和植物习性，调整扦插措施和技术。

【活动描述】

利用一段枝条（叶片或根系）就可以繁殖出和母株同等优良品质的新个体，是方便快捷的繁殖方式。在灌木繁殖中运用极为广泛。扦插工作流程如下：

【活动内容】

一、扦插的技术要点

（一）扦插基质

扦插基质要求疏松、透气、透水、保水的砂质壤土，有少量的腐殖土为好。

（二）插条的剪取

1. 插条剪取的注意事项

（1）枝条的选取：嫩枝扦插（一般在生长期进行，4～6月或9～10月），选用当年生半木质化枝条；硬枝扦插（一般在秋末或春初进行），选用一、二年生或多年生木质化枝条。将枝条剪成10～15cm长，且包含3～4个节的插条。

（2）剪口：在剪取插条时，其上剪口应该是在饱满芽的上方3～4mm处，进行45°的斜切（有芽处高）；其下剪口应该在枝节的下方，进行平切，因为枝节处分生组织多，利于愈合生根。

（3）留叶：嫩枝扦插的插条仅留上部2～3片叶，叶片较大的去半（如图2-2所示）；硬枝扦插可不留叶。

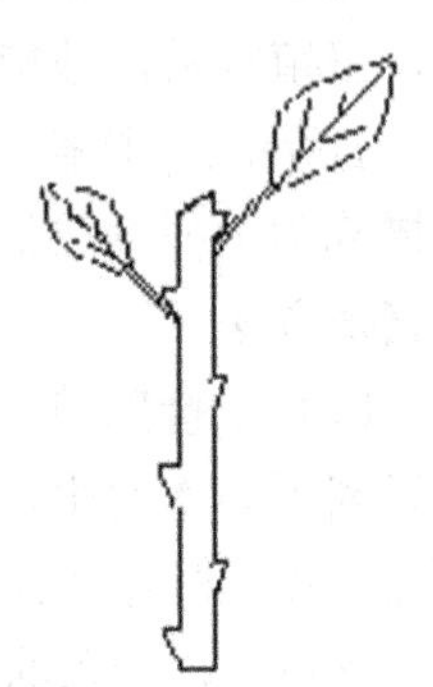
图2-2　标准插条示意图

2. 插条选取的原则

（1）嫩枝扦插以当年生饱满、充实的半木质化枝条为好。硬枝扦插以两年生、充实的木质化枝条为好。

（2）嫩枝扦插在生长期进行。硬枝扦插一般在春初或秋末进行。

（3）嫩枝扦插枝条过于柔软可以用引棍辅助扦插。

（4）硬枝扦插剪取可以不留叶。

（三）扦插入土的深度

嫩枝扦插入土深度较浅，为枝条的 1/3 ～ 1/2；老枝扦插入土深度较深，为枝条长度的 1/2 ～ 2/3（如图 2-3 所示）。

（四）浇水

浇透水。

（五）覆盖薄膜

覆盖薄膜不仅可以起到保湿、增温的作用，而且可以适当遮阳。如管理得当，在 15 ～ 25 天后，将由基部生长出根，形成一株完整的幼苗（如图 2-4 所示）。

图 2-3　插条的剪取与扦插

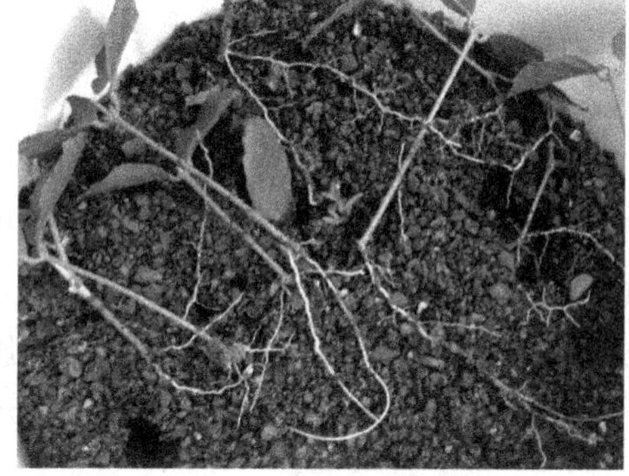

图 2-4　扦插生根效果

二、扦插繁殖的原理及促进扦插成活的方法

（一）扦插繁殖的原理

植物的再生能力分皮部生根和节部生根及混合型。

（二）促进扦插成活的方法

1. 园艺措施

（1）插条带踵：侧枝基部带少量老枝皮或茎段。

（2）插条预环刻（剥、割）处理，插条留皮处理：在母株上提前形成愈伤组织。

（3）插条黄化处理：保持细胞的幼嫩和活性。

2. 物理及化学方法

（1）清水浸泡插条：漂去水溶性抑制生根物质。

（2）草木灰涂抹切口：减少多汁养分流失。

（3）高锰酸钾浸泡切口：加快伤口的氧化和杀灭细菌。

3. 激素（生长调节剂）处理

利用生根粉吲哚乙酸、吲哚丁酸处理。可用激素溶液浸泡基部（如图 2-5 所示）或粉剂激素蘸基部（如图 2-6 所示）。

图 2-5　激素浸泡插条基部

图 2-6　生根粉蘸插条基部

4. 环境改善

保湿、遮阳、维持温度。

三、提高扦插效率

1. 粗放式扦插

部分基础绿化和地被植物价廉、抗性强、繁殖容易，多粗放式扦插。为了提高工效，插条剪取时，可以粗放处理，即保证长度15cm左右，插条下部是节处，且抹去下半部叶片即可。

2. 流水作业

多人各自分担扦插的某一环节。

四、全光喷雾扦插

全光喷雾扦插是一种先进的扦插育苗技术。在苗木生长期进行，露地建立一扦插床，注意基质透水性好，利用喷雾器不停喷雾，保持插穗湿润。利用太阳光照，不加任何覆盖，使插穗在扦插床照常可以进行光合作用。插穗要带叶片（如图 2-7 所示），这种设备可加速插穗生根，成活率提高。

图 2-7　全光喷雾扦插

活动 2　灌木的嫁接繁殖

【活动目标】

1. 能对应选择适当的接穗和砧木。
2. 能熟练地完成嫁接工作。
3. 能根据不同的植物采用不同的嫁接方法。

【活动描述】

选择亲和力较近的品种，将优良的接穗嫁接在乡土品种的砧木上，使其既具有接穗的

优良品质，又有砧木发达的根系，抗性强、开花早、生长快。嫁接广泛运用于观花观果的灌木繁殖。灌木嫁接的工作流程如下：

接穗的选择和处理 ⇨ 砧木的选择和处理 ⇨ 二者的结合与绑扎

【活动内容】

一、嫁接繁殖的特点

接穗可以保持母本的优良性状，实生砧木具有发达的根系，故嫁接苗兼有营养苗和实生苗的优点，在园林中采用比较多，但其繁殖周期较长，技术难度较大，投入的人力和物力多，成本高。

二、砧木与接穗

砧木是嫁接过程提供根系的苗木，一般选用实生苗乡土品种，抗性强。

接穗是繁殖目标，是优良品种的枝或芽。为了更能表现出接穗的优良品质，往往要求砧木的生理年龄要小。

砧木和接穗应该是同科同属，亲和力强。

三、嫁接步骤

尽量在减少伤口和操作简便的条件下，切削取出接穗（芽或枝）；同时对应接穗大小，通过切削相应暴露砧木的形成层，并将砧木、接穗暴露的形成层对应结合，紧密绑扎，让其愈合为一个整体。下面以枝接和“T”字形芽接为例，加以说明（如图 2-8 所示）。

（一）枝接（其中的切接）的步骤

步骤一：接穗的选择和处理。在一年生、半木质化健壮枝条上，选择一饱满腋芽，于其上方 5mm 处，作 45° 斜切，去顶（有芽处高），保留 2 个节左右，并将基部两侧削成 1cm 左右的楔形切口，注意切口平滑，稍带木质部，楔口平缓，不可过尖过短。

步骤二：砧木的选择和处理（对应接穗处理方式）。砧木一般较接穗粗壮，留基部 10cm 以上去顶，于砧木一侧，稍带木质部，垂直于横断面下切，切口深 1.5cm 左右，并将接穗楔形伤口嵌入其中，形成层对齐。

步骤三：结合绑扎，将二者裸露出来的形成层对齐并捆扎紧密。利用嫁接胶带，缠绕，将砧木和接穗紧密绑扎，并覆盖裸露伤口。

（二）“T”字形芽接的步骤

步骤一：接穗的选择和处理。接穗要求腋芽饱满，叶无病残。其处理方法：（1）选择一饱满腋芽，将其叶柄留 3 ～ 5mm，去除叶片；（2）于腋芽上方 2mm 处，垂直于茎干，作深达木质部的横切，切口宽 3 ～ 4mm；（3）于腋芽下方 4 ～ 6mm 处，刀口向上紧贴皮部稍带木质部，作小于 20° 的斜切，直到上方切口处，将腋芽取下（取下的腋芽呈盾形，是盾形芽接名称由来）。

步骤二：砧木的选择和处理（对应接穗处理方式）；

选择砧木茎干距地面10～20cm平滑处，用刀作横竖两切口，呈“T”字形（“T”字形芽接名称的由来）。横切口宽5mm左右，深达木质部；纵切口长6～7mm，深达木质部。并顺切口挑开皮部，使皮部与木质部分离，露出形成层。

步骤三：结合绑扎，将二者裸露出来的形成层对齐并捆扎紧密。将盾形接穗芽嵌入砧木“T”字形接口，使二者形成层对齐，并利用塑料撕裂绳或专用胶带均匀缠绕，覆盖伤口，注意叶柄及腋芽应裸露，再打上简单的活套结。一周后，用手触及叶柄，如叶柄脱落，则嫁接成活，可解开薄膜。此繁殖方法需要挑开砧木皮部，嵌入接芽，接触紧密，利于愈合，成活率较高，但技术较为复杂，不利于皮木难以分离的植物种类繁殖。故生产上另有嵌芽接、贴芽接等其他繁殖方法。

步骤一：接穗的选择和处理；

步骤二：砧木的选择和处理（对应接穗处理方式）；

步骤三：结合绑扎，将二者裸露出来的形成层对齐并捆扎紧密（如图2-8所示）。

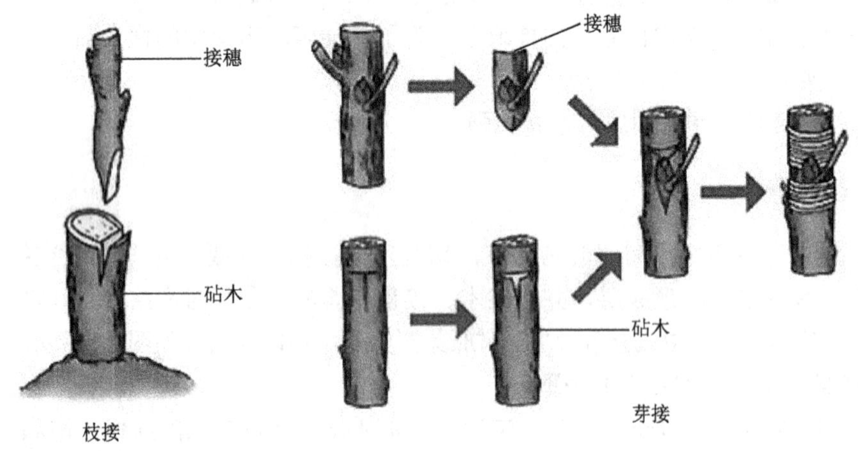

图2-8　“T”字形芽接

四、嫁接繁殖的条件

（1）砧木和接穗的亲和力：同株＞同种＞同属＞同科，现代科技仅能同科内种间嫁接。

（2）植物的习性：主要看植物的再生能力、愈伤能力。

（3）环境条件：潮湿、适当高温的环境利于嫁接愈合。

（4）嫁接技术：嫁接方式的选择很大程度影响嫁接的成活，形成层的吻合是嫁接成活的关键。

五、嫁接方法的选择

1. 芽接

芽接分为“T”字形芽接、方块芽接、套芽接、嵌芽接等多种方式。它具有节约接穗的

优点，但操作要求极为细致，一般在生长期进行。

2. 枝接

枝接分为劈接、切接、腹接等多种方式。应根据植物的习性、环境条件、自身的技能水平选择相应的嫁接方式。

活动3　灌木的压条和分株繁殖

【活动目标】

1. 能通过压条繁殖获得新的个体。
2. 能通过分株繁殖对植物进行繁殖。
3. 学会根据植物的种类、习性，选择不同的繁殖方法。

【活动描述】

将已经具有根、茎、叶的丛生性灌木分解为若干小丛，是植物繁殖成活率最高的方法；但仅限于丛生性灌木，运用范围很狭窄。

压条能让幼苗愈合生根的过程在母体上就能完成，成活率高；但对母体的伤害大，繁殖数量受到限制。

灌木压条繁殖的工作流程如下（以高空压条为例）：

灌木分株繁殖的工作流程如下：

【活动内容】

一、分株、压条的适用性

分株由于具有完整的根、茎、叶，故成活率很高，但是繁殖的数量有限，分蘖力较强的种类常用此法，如腊梅、棕竹（如图2-9所示）、凤尾竹（如图2-10所示）、牡丹、芍药、兰花、万年青、玉簪等。此外，如吊兰，虎耳草等匍匐茎上产生的小植株，多浆植物中的景添、石莲花等基部生出的吸芽（小枝），而下部自然生根，此等幼小植株可随时分离出来栽植。

图2-9　棕竹

图2-10　凤尾竹

球根花卉通常采用分球法繁殖，此

法依照球根自然增殖的性能，把从母体新形成的球根鳞茎、球块、块茎及根茎等分离栽植，如球茎类的唐菖蒲，根茎类的美人蕉、鸢尾，鳞茎类的水仙、风信子、郁金香等以及大丽花的块状根，都可以休眠后掘起另行繁殖。

二、分株的技术环节

分株繁殖就是将花卉的萌蘖枝、丛生枝、吸芽，匍匐枝等从母株上分割下来，另行栽植为独立新植株的方法，一般适用于宿根花卉、球根花卉。

分株时先把母株从花盆中脱出来，抖掉外围泥土，用利刀或修枝剪把叶丛之间相连的地下茎断开，即可分成数株分开栽种。分株繁殖的时间随花卉的种类而异，春季开花的宜在秋季分株，秋季开花的宜在春季分株。其技术的关键是分株点的确定、根系的保护，应保证留有尽量多的新植株数量，且其基本成活单元完整。

三、压条的种类及技术环节

1. 普通压条

适于丛生花木类，如蜡梅、迎春、栀子、茉莉等。选择基部近地面的 1 ～ 2 年生枝条，先在节下靠地面处用刀刻伤几道，或进行环状剥皮；再顺根际或盆边开沟，深 10 ～ 15cm，将枝条下弯压入土中，用金属丝窝成 U 形将其向下卡住，以防反弹；然后覆土，把枝梢露在外面，主棍缚住，不使折断。这种方法多在早春或晚秋进行，春季压条，秋季切离；秋季压条，翌春切离栽植。几种常见的压条方法如图 2-11 所示。

2. 平卧压条

适于枝条长及蔓性花木，如菊花、藤本月季、常春藤、凌霄等。使枝茎弯曲平卧土面或浅沟中，上面覆土，待生根后剪离栽植。此法还可在每个节下用刀刻伤，1 次可获得多株幼苗（如图 2-12 所示）。

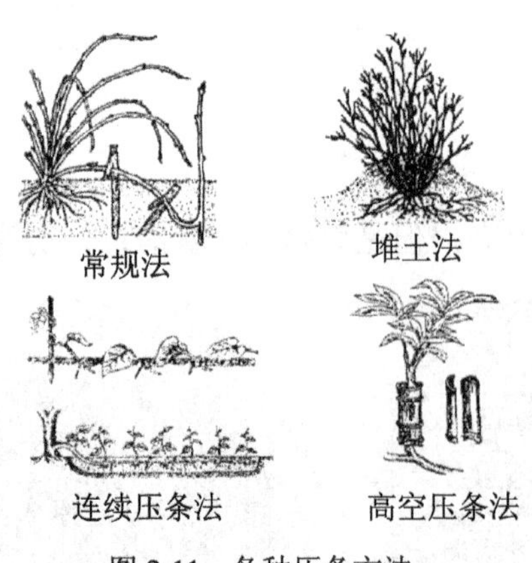

图 2-11　各种压条方法

图 2-12　平卧压条

3. 高空压条技术

高空压条通常是在春末夏初进行，一般选用 2 年生的健壮枝条。先在枝条节下进行环状剥皮或刻伤，深达皮层。经用生根激素处理后，在伤口下端 3 ～ 5cm 处，绑好塑料薄膜，

再翻上去，内填潮湿苔藓、泥炭土或细砂土。封好上口，稍留空隙，以便补充水分与承接雨水。保持基质湿润，既不能中途失水，也不能大湿。经过数月的养护，至秋季根系已生长丰富，于秋后或翌春与母株切离，栽于花盆或露地，再莳养1～2年便可开花观赏。

任务训练与评价

【任务训练】

以小组为单位，根据季节和地区条件，完成以下任务，并填写表2-1。

表2-1　植物繁殖表

植物名称（品种）	繁殖时间	繁殖方法	繁殖量	繁殖技术	备注（耗材、占地等）

1. 红花檵木（或月季、金叶女贞、佛顶珠）的扦插。

2. 月季的春季芽接：在一株月季上嫁接同一花型的几种颜色的品种，形成一株花开多色花的现象，提高观赏价值。

3. 利用女贞嫁接金桂。

（1）收集女贞种子，播种繁殖，培养砧木。

（2）利用枝接法中的切接法繁殖金桂。

（3）养护嫁接苗。

4. 棕竹（或散尾葵等）的分株繁殖。

5. 桂花（或贴梗海棠等）的高空压条。

【任务评价 】

根据表2-2的评价标准进行小组评价。

表2-2　任务评价表

项目	优良	合格	不合格	小组互评	教师评价
繁殖方法	繁殖方法选择正确，适合特定时间和繁殖对象	选择的繁殖方法适合植物	选择的繁殖方法不适合季节或繁殖对象，造成成活率低		
繁殖技术	步骤正确，技术过关，注意细节。具有刺激生根的手法	能采用适当的方法繁殖一定量的植物	技术生硬，效率低下		
繁殖效率	繁殖速度快，成活率高（因品种而异，一般要求高于80%）	保证一定的成活率（因品种而异，一般要求高于70%）	繁殖速度慢，成活率低（低于60%）		

任务2.2 园林灌木的育苗

【任务目标】1. 能运用各种方法，培育园林灌木发达的吸收根系，利于移植成活。
2. 能根据园林灌木的品质要求，对园林灌木进行造型。
3. 能运用多种手法，刺激灌木多开花结果，满足园林观赏要求。

【任务分析】园林灌木的育苗，既要根据灌木的用途来进行，还受限于灌木的习性。在不同的时期，用不同的修剪手法、造型手段，有针对性地进行。

【任务描述】灌木繁殖成活后，根据它的习性和园林用途，进行修剪、移栽和造型，刺激花灌木多开花结果，并对灌木进行造型，增加其观赏性和经济价值。灌木的育苗工作流程如下：

观叶灌木的育苗流程

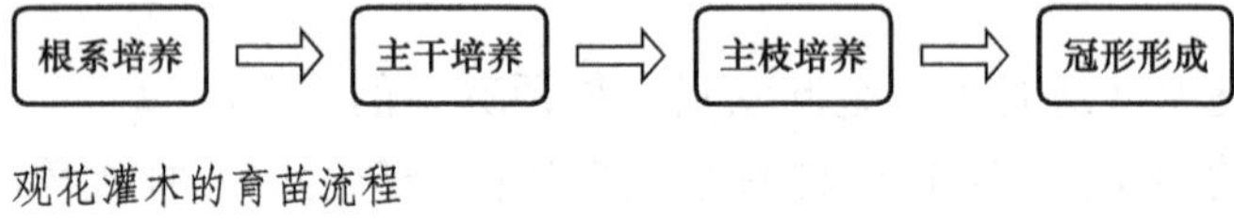

观花灌木的育苗流程

根系培养 ⇒ 株型培养 ⇒ 促进开花

相关知识：园林灌木的育苗目的和方法

一、育苗的目的

1. 造型需要

为了保持一定的固有形态而进行的修剪。以整形为主，首先疏弱留强，培养形成骨干枝，形成理想形态，再轻剪，维持冠形（如图2-13所示）。

2. 促进开花

由于植物的开花习性差异很大，要想通过修剪来促进其开花，造成了修剪手法的多样性和复杂性。以月季为例，通过剥蕾，养分集中，使得花朵变大，提高其观赏性（如图2-14所示）。

图2-13 球形红花檵木

图2-14 红花檵木花朵

3. 控制生长势

对徒长枝以及根部萌蘖，营养生长过于旺盛进行控制，严格控制直立枝。直立枝应加以摘心，以促进开花。以茉莉花为例，通过反复摘心，使顶生的茉莉花花朵数量、质量提高，增加其观赏价值（如图 2-15 所示）。

图 2-15　茉莉花的长势控制

二、不同花灌木的开花习性与促花修剪手法

1. 花芽着生在多年生枝上的花灌木

花芽着生在多年生枝上的花灌木，如紫荆、贴梗海棠，修剪量应该减小，在早春将枝条的先端枯干部分剪除，在生长季为防止当年生枝条生长过旺，可摘心以利于营养集中在多年生枝干上。

2. 花芽着生在开花短枝的花灌木

花芽着生在开花短枝的花灌木，如西府海棠，一般不进行修剪，生长过旺时可进行适当摘心。

3. 花芽着生在二年生枝上的花灌木

花芽着生在二年生枝上的花灌木，如连翘、榆叶梅、碧桃等，修剪应该在花残后叶芽开始膨大尚未萌发时进行。一般是在开花枝条基部留 2 ～ 3 个饱满芽进行短剪。

4. 花芽着生在当年生枝上的花灌木

花芽着生在当年生枝上的花灌木，如紫薇、芙蓉这些生长极为旺盛，每年冬末春初进行仅留主干的重剪，利于营养回缩，新枝健壮，开花繁茂。

5. 一年多次开花的花灌木

一年多次开花的花灌木，如月季，休眠期仅留基部两三个壮枝进行强剪，而花期将花枝留 3 ～ 5 芽剪去，既可以做切花观赏，又可以促进新芽萌发，形成二次花。而作为顶生花的茉莉早春萌发后，对新枝进行多次摘心，可以促使其多发侧枝，多开花。花后及时采摘，促进二次花。

6. 一年生枝上进行花芽分化的花灌木

一年生枝上进行花芽分化的花灌木，如腊梅，将其开花枝剪下观赏，利于来年萌发新枝和开花。

三、育苗的注意事项

过多强剪不利于植物生长，其原因如下。

（1）伤口过多，易呈老态，恢复过慢。如，在城市绿化中，大树移栽，修剪强度大，伤口多且难愈合，植物恢复慢，多年后树冠过小，形象不佳。

（2）花量减少，枝营养生长年限不足，不开花。

（3）树形变劣，影响观赏。如悬铃木空心、腐烂、易倒。

任务训练与评价

【任务训练】

以小组为单位，根据季节和地区条件，完成以下任务。

一、月季的修剪

1. 春季：早春抹芽，每一株枝仅保留 3 ～ 4 个朝向不同方向的芽，培养成开花枝。

2. 花期：做切花观赏的花期剥蕾，保证顶花的质量，并将花朵套上束花网，花萼与花瓣分离时，于基部留 2 ～ 3 个健壮芽，剪取花枝做切花观赏。

作盆栽或地栽观赏的则无需剥蕾，只于花后将残花枝顶部留健壮芽去掉(花下 4 ～ 5 节)，及时将残花摘除，促发二次花，以此类推。

3. 花后：及时去掉最后花蕾，防止结果，耗费养分。

4. 冬季：仅留基部两三个壮枝进行强剪，每枝留 4 ～ 5 个壮芽（40cm 左右)。

二、育苗训练

小品树：球形毛叶丁香的修剪。

【任务评价 】

以小组为单位，完成任务，并填写表 2-3。

1. 月季的修剪。

2. 毛叶丁香的造型。

表 2-3　任务评价表

项目	优良	合格	不合格	小组互评	教师评价
育苗方案	修剪方案完备，落实到修剪的频率、修剪技术、基本规则、人员及工作量等各个方面	能定期指定人员对灌木进行合格修剪	未保证灌木的定时修剪，或修剪对植物观赏性造成伤害		
修剪工作	准备充分，修剪效果好，达到修剪目的，减少对植物的伤害和环境污染	能基本达到修剪要求	修剪质量差，未达到基本要求		
安全保障	有安全机制，包括工具使用、爬高保护、重枝倒下的力度和方向控制、个人安全、行人安全、树木保护等	安全完成修剪任务	存在一定安全隐患		

知识拓展：植物的生长习性

(1) 木本植物的生命周期：划分为幼年期（童期)、青年期、壮年期和衰老期，各个生长发育时期有不同特点。

幼年期：从种子萌发到植株第一次开花为幼年期。修剪整形形成地上的树冠和骨干枝，逐步形成树体特有的结构、树高、冠幅。轻修剪多留枝，形成良好的树体结构，为制造和积累大量营养物质奠定基础。或通过适当环割、开张枝条的角度等促进花芽形成，提早观赏，缩短幼年期。

青年期：从植株第一次开花到大量开花之前，花朵、果实性状逐渐稳定为止为青年期。花灌木合理整形修剪，调节植株长势，培养骨干枝和丰满优美的树形，为壮年期的大量开花打下基础。

壮年期：从植株大量开花结实时开始，到结实量大幅度下降，树冠外沿小枝出现干枯时为止为壮年期。修剪，使生长、结果和花芽分化达到稳定平衡状态。剪除病虫枝、老弱枝、重叠枝、下垂枝和干枯枝，以改善树冠通风透光条件。

衰老期：从骨干枝及骨干根逐步衰亡，生长显著减弱到植株死亡为止为衰老期。花灌木截枝或截干，刺激萌芽更新，或砍伐重新栽植，古树名木采取复壮措施，尽可能延长其生命周期。

（2）年生长周期：分生长期和休眠期两个阶段。生长期从春季树液流动至秋末落叶为止，包括根系生长期、萌芽展叶期、新梢生长期、花芽分化期、开花期、坐果与果实生长期。各个时期应该抱着不同的修剪目的，根据不同的生长习性，采用多种修剪方法。

（3）萌芽率和成枝力：枝条上萌发的芽占总芽数的百分率，称萌芽率，它表示枝条上芽的萌发能力，影响枝量增加速度和开花结果的早晚。在修剪中，常应用开张枝条角度、抑制先端优势、环剥、晚剪等措施来提高萌芽率。

枝条抽生长枝的数量，表示其成枝的能力，抽生长枝多的，称为成枝力强，反之为弱。成枝力强弱对树冠的形成快慢和开花结果早晚有很大影响，一般成枝力强的树种、品种容易整形，但开花结果稍晚；成枝力弱的树种、品种，年生长量较小，生长势比较缓和，成花、结果较早，但选择、培养骨干枝比较困难。

（4）芽的异质性：枝条的不同部位着生的芽，由于形成和发育时内在和外界条件不同，使芽的质量也不相同，称为芽的异质性。修剪时留强去弱，促进营养生长；去强留弱，抑制营养生长，促进生殖生长。

（5）顶端优势：植物的顶芽优先生长而侧芽受抑制的现象。不同的情况可以促进或抑制顶端优势。

（6）树木层性：树木层性是指中心干上的主枝、主枝上的侧枝在分层排列的明显程度，层性是顶端优势和芽的异质性共同作用的结果。在园林植物的整形中，干性层性都好的植物高大，适合整成有中心干的分层株形；而干性弱的植物，株形一般较矮小，株冠披散，多适合整成自然形或开心形株形。

园林草本植物的繁殖与育苗

教学指导

项目导言

“春风吹又生”，草本植物给人的季相特点是最为鲜明的，其颜色鲜艳，装饰性、观赏性极强，但养护成本高，是园林中最能体现节日气氛和欢乐情绪的植物。相对来说，草本植物生长期较短，花期集中，草本花卉开花前是草，开花时是宝，开花后就是垃圾。所以，要根据市场的要求，生产出高品质的草本花卉，必须找到适当的繁殖方法，在特定的时间内完成繁殖工作。

项目目标

1. 能分析各类草本的生长特点和在园林中的作用。
2. 能根据各类草本的观赏特征及生理习性，选择适当的繁殖方式。
3. 能利用适当的方式和技术，繁殖草本植物。

任务3.1 园林草本植物的繁殖

【任务目标】 1. 能根据不同草本植物的特点及园林功能，对应选择相应的繁殖方式。

2. 能运用各种繁殖技术对草本花卉进行繁殖。

3. 能运用技术手段提高繁殖率和花卉品质。

【任务分析】 根据草本植物的习性，尽量选择快速、高效、质优的繁殖方法，为保证其品质和成活率，可以对栽培条件和环境进行改造。

【任务描述】 对于生命周期较短的一、二年生植物，主要采用播种繁殖；对于多年生宿根或球根花卉多根据习性选择营养繁殖方式；而对个别观赏性附加值高的草本植物也可以采用嫁接繁殖方式。

相关知识：园林草本植物的绿化特点、功能及繁殖方法选择

一、草本植物的园林功能及绿化特点

在园林中，草本花卉大多个体矮小，生命周期短，四季变化大，其种类繁多，形态、习性各异，装饰性、观赏性极强，以观色和观形为主。观色分为观叶色、花色，其中花色最为艳丽丰富。观花草本植物四季变化大，观赏期较短，栽培投入大，养护费用高，但环境比较容易控制，盆栽移动性较强。

以群体美取胜，多为花丛、花带、花台、花坛、花景组成美丽的色块或模纹，给人以强烈的视觉冲击（如图3-1所示）。

图3-1　色彩丰富的草花花卉

二、草本植物类型及对应的繁殖方法选择

1. 一、二年生草本植物

生长期均未超过一年，多采用播种繁殖。

2. 多年生草本植物

多年生草本植物分为多年生常绿草本植物、多年生宿根草本植物、球根花卉等。根据习性，采用播种、扦插、分株等多种方式，个别也可采用嫁接繁殖，如用苦蒿为砧木嫁接菊花，加大个体体量并进行造型处理，加强观赏性；用南瓜嫁接黄瓜，以利增产。

活动　草花精量播种、盆钵育苗

【活动目标】

1. 能根据花卉习性要求，配制培养土。
2. 能掌握穴盘精量播种的技术。
3. 能完成一些花卉的精量播种工作。

【活动描述】

应用穴盘准确地进行一孔一苗的繁殖，虽对繁殖技术提出一定要求，并且造成繁殖过程比较麻烦，但出苗整齐，苗间等距，通风透光好，方便移植，是现代化花卉生产工业化的需要，幼苗品质较高。精量播种的工作流程如下：

培养土的配制 ⇨ 穴盘填土 ⇨ 精量播种 ⇨ 养护管理

【活动内容】

一、播种繁殖

常规播种繁殖根据种子的大小及珍贵程度可以采用撒播、点播、条播，但由于高品质的 F_1（杂交一代）代价格昂贵，考虑人力成本、对花卉品质的要求及管理养护方便，现在多采用精量播种、盆钵育苗。如三色堇、雏菊、金盏菊、鸡冠花、龙头花、一串红、矮牵牛等（如图 3-2 所示）。

二、穴盘播种

近几年，随着农业生产工业化而兴起的标准化生产模式，它利用多孔穴盘和精制培养土，甚至可以利用小型机械对应穴盘，每穴逐粒播种，精确到每一穴种子的深度一致。播种后，人为提供最佳环境，利于种子萌发。每一颗种子有均匀的生长空间，通气透光性好，并且有良好的移动性，所占空间小，方便良好的小气候创造，可节约大量成本，形成优良的品质，但需要穴盘等资金投入，而且仅适合单一花类、大批量生产。

进行穴盘播种时，首先根据繁殖花卉幼苗叶片大小，选择不同孔径的穴盘，并配制培养土（如图 3-3 所示）。培养土疏松透气，保水性较好为宜，并不要求过多的肥料。将培养土均匀填入穴盘中，逐粒播种（如图 3-4 所示），可借用一些小型工具（如图 3-5 所示）。播种后，根据种子大小，决定覆土与否。用喷雾法（如图 3-6 所示）或浸盆法浇水，可将穴盘放入保护地，促进种子萌发（如图 3-7 所示）。

图 3-2　播种繁殖的太阳花

图 3-3　培养土配制及上盆

图 3-4　穴盘精量播种

图 3-5　穴盘及专用播种机

图 3-6　播种洒水

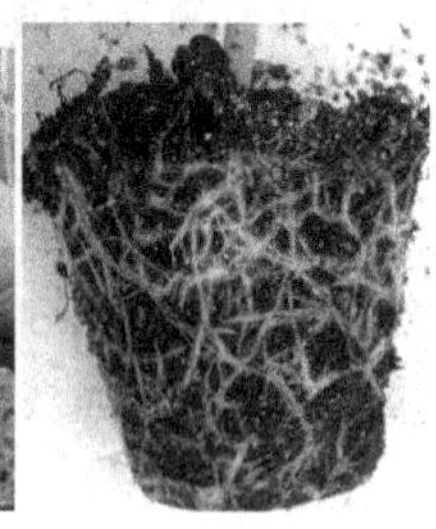

图 3-7　栽植效果

三、草本植物的其他繁殖方法

1. 扦插繁殖

扦插繁殖用于多年生草本植物繁殖。无特殊性，多取嫩枝扦插（如图 3-8 所示），管理养护和木本植物相同，甚至更易，生长速度更快。可结合季节和需要进行练习。

一串红、冷水花、矮牵牛等也可以进行扦插繁殖，多用常规嫩枝扦插方法，如采用全光喷雾扦插可加快繁殖速度，提高成活率。

图 3-8　草花扦插繁殖

2. 嫁接繁殖

草本植物的嫁接多用嫩枝劈接法（如图 3-9 所示），注意髓部对齐（因为草本植物没有维管束形成层，多利用髓部薄壁细胞再生能力愈合）。此种方法多用于花卉的造型，如大立菊、塔菊（如图 3-10 所示）。在蔬菜生产中，也可用于瓜类、茄类植物的增产，如黄瓜以南瓜苗为砧木，可达丰产。

图 3-9　以苦蒿作砧木嫁接菊花

大立菊

塔菊

图 3-10　嫁接后的效果

图 3-11　兰花的分株繁殖

四、草本植物的分株

从生性草本植物（如兰花、吉祥草、玉簪）和球根性植物均可以利用分株（分球）繁殖，方法简单，成活率高，无特殊性（如图 3-11 所示）。

任务训练与评价

【任务训练】

以小组为单位，根据季节和地区特点，完成以下任务，并填写表 3-1（注：由于受教学学年学期安排的影响，最好选取生育期为 100 天以内的植物进行繁殖栽培训练，让学生完成从繁殖、育苗、移植、肥水管理、病虫害防治、花期控制等一系列的花卉栽培管理工作）。

1. 向日葵播种繁殖。
2. 一串红扦插繁殖。
3. 葱兰分株繁殖。
4. 苦蒿嫁接菊花培养大立菊。

表 3-1　植物繁殖表

植物名称（品种）	繁殖时间	繁殖方法	繁殖量	繁殖技术	备注（耗材、占地等）

【任务评价】

根据表 3-2 的评价标准，进行小组评价。

表 3-2　任务评价表

项目	优良	合格	不合格	小组互评	教师评价
繁殖方法	繁殖方法选择正确，适合特定时间和繁殖对象	选择的繁殖方法适合植物	选择的繁殖方法不适合季节或繁殖对象，造成成活率低		
繁殖技术	步骤正确，技术过关，注意细节。具有刺激生根的手法	能采用适当的方法繁殖一定量的植物	技术生硬，效率低下		
繁殖效率	繁殖速度快，成活率高（因品种而异，一般要求高于 80%）	保证一定的成活率（因品种而异，一般要求高于 70%）	繁殖速度慢，成活率低（低于 60%）		

任务3.2 草花育苗

【任务目标】1. 能通过摘心促进侧枝萌发，使顶生花类草花多开花。

2. 能通过剥蕾、抹芽等技术措施，集中营养，使花朵壮硕，品质提高。

3. 能通过牵引、盘扎、编织等措施，对草本花卉进行人工造型，增加观赏性。

【任务分析】不同的草花有不同的习性，人们对草花有不同的观赏要求，我们应该进行有针对性的育苗工作。在保证其健康生长的条件下，采用适当的方法对草花进行有目的的育苗。

【任务描述】繁殖成活后的草花，有的形体变化巨大，人为地根据其园林用途进行控制培养，满足观赏需求。草花育苗的工作流程如下：

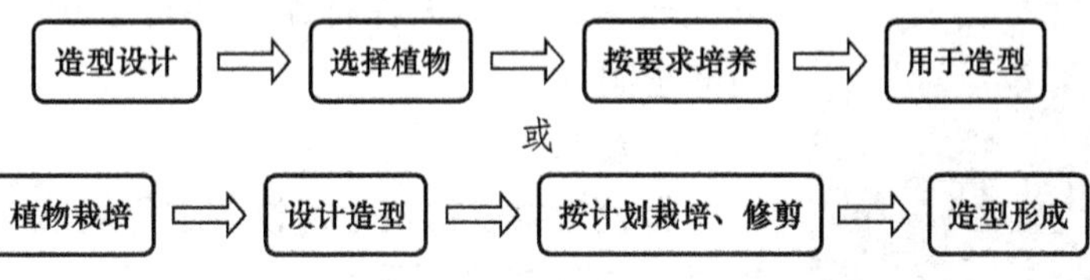

相关知识：草花育苗的目的、方法及造型

一、草花育苗的目的

1. 促进植物健康生长或按人们观赏习惯生长

例如，密植、短截的文竹，让本来的藤本植物如丛生状生长，模仿竹的形态，如微型竹类。

2. 控制营养生长，促进开花

例如，对一串红进行摘心，可促发侧枝，多形成顶生花序，增加观赏性。花卉枝条分布均匀、节省养分、调节株势、控制徒长，从而使花卉株形整齐、姿态优美，而更重要的是有利于多开花。

3. 控制花期，满足观赏要求

例如，对鼠尾草、千日红进行摘心，可延迟花期，控制开花观赏期。

4. 造型，增加观赏性

可利用支架引导藤性或匍匐性草本植物覆盖生长，形成一定形态，如动物或卡通形状，变平面观赏为立体观赏，增加观赏性。

二、草花育苗的方法

草花育苗的方法主要有摘心、打叉、抹芽、剥蕾、支花柱盘扎、牵引、修剪等。要求精细、频繁，而且都在生长期进行。

1. 剪梢与摘心

剪梢与摘心是将正在生长的枝梢去掉顶部的工作。枝条已硬化需要用剪刀的称剪梢，枝条柔嫩，用手指即可摘去嫩梢的为摘心。剪梢与摘心的目的是为了抑制向高生和工，有利养分积累，使枝条组织充实，促使萌发侧枝，增加开发枝数和朵数，或使植株矮化，株形圆满，开花整齐等。

图 3-12　富贵竹的编织造型

2. 抹芽、剥蕾

抹芽是将花卉的腋芽、嫩枝或花蕾抹去，以集中养分，促使主干通直健壮，花朵大而艳丽，果实丰硕饱满。

3. 疏枝（苗）

为了调整树姿，利于通风透光，一般常将枯枝、病虫枝、纤细枝、平行枝、徒长枝、密生枝等剪除掉。花苗生长迅速，分蘖较多，应加大株行距，并可以进行间苗，为苗木生长提供足够空间。

图 3-13　利用藤本植物攀爬屏风式支架造型

4. 盘扎

将较为柔软的枝干或枝条进行编织，在造景的同时可以相互支撑（如图 3-12 所示）。

5. 立支架

俗称“绑拍子”（支架俗称“拍子”）。栽培爬蔓的盆栽花卉如蔓生天竺葵、凌霄、紫藤等，应用细竹竿、芦苇秆或粗铅丝绑扎支架，用经绑缚枝蔓，使其攀缘生长，增加观赏效果（如图 3-13 所示）。

三、常用草本植物的个体育苗造型

1. 直立形

一般指单干直立形，只保留粗壮直立的主干，其他分枝侧枝，一律修去，使养分集中，供应顶上一朵花，使其硕大、丰满、绚丽，如鸡冠花、向日葵、雁来红等，通过剥蕾集中营养，提高顶花质量（如图 3-14 所示）。

图 3-14　直立形草本植物的造型

2. 丛状形

有些一、二年生草本花卉，茎叶基生直立，多分蘖，如雏菊、三色堇、矢车菊、虞美人等。茎从根基部萌发，成丛状。一般保持其丛状形，不宜修剪，但栽植时，丛植间保持一定距离，防止生长过密，通风不良（如图3-15所示）。为预防花开期倒伏，对于株形较高的矢车菊、虞美人等，生长期施氮肥不宜过多，多施磷钾肥，使茎干坚硬，花色鲜艳。

图3-15 丛生性花卉观赏效果

3. 多枝形

很多一、二年生草本花卉具有萌芽力强、耐修剪的特性，通过多次摘心、剪梢，促使腋芽萌发生长，形成更多的侧枝，增加着花部位和数量（如图3-16所示），使株冠更加丰满，如一串红、红黄草、大丽花、矮牵牛、百日草等。

图3-16 多枝形草本植物的造型

4. 攀缘形和缠绕形

攀缘形和缠绕形草本植物的茎细长柔软，不能直立生长，前者是依靠变态器官，如卷须、吸盘、钩刺等，攀缘它物向上生长，如香豌豆、葫芦、金瓜等；后者是依靠本身缠绕茎，螺旋形缠绕它物向上生长，如牵牛花、茑萝、月光花、落葵等。这类花卉主要是向空间发展，起着垂直绿化作用，应顺其自然，设立支架，并略扶植其攀援于花架、棚架、围墙、栅栏上（如图3-17所示）。若要扩大其株冠也可采取摘心、去顶措施。

图3-17 攀缘形和缠绕形草本植物的造型

5. 匍匐形

匍匐形花卉既不能直立生长，也不能依附它物向上生长，但能够平贴在地面上，向四周蔓延生长，将地面覆盖，是地被植物的好材料，如半支莲、旱金莲、美女樱、矮雪轮等（如图3-18所示）。

图3-18 匍匐生长的半枝莲

6. 垂吊形

如吊兰、垂盆草、吊竹梅等，自然下垂，立体绿化，情趣盎然（如图3-19所示）。

此外，利用嫁接技术和砧木特性，还可以改变人们对一般草花的形态、个体和大小的认识（如图3-20所示）。

图3-19 下垂生长的吊竹梅

图3-20 高大的塔菊或半球形的大立菊

任务训练与评价

【任务训练】

以小组为单位，在栽培过程中，根据花卉生长习性及观赏特点进行修剪，并填写表 3-3。

表 3-3　植物修剪表

花卉名称	修剪目的	修剪方法	修剪时期	造型结果

【任务评价】

利用栽培的多种鲜花，进行花坛造型或立体花坛造型设计与布置（或模拟设计）并填写表 3-4。

表 3-4　任务评价表

项目	优良	合格	不合格	小组互评	教师评价
按花卉开花习性修剪	保证开花数量，提高花朵质量	满足开花要求	归类错误而造成修剪手法的错误选择		
修剪方案、工作	修剪方案完备，落实到修剪的频率、修剪技术、基本规则、人员及工作量等各个方面。修剪效果好，达到修剪目的	能定期指定人员对草本植物进行合格修剪。能安全完成修剪任务	未保证草本植物的定时修剪，或修剪对植物观赏性造成伤害。修剪质量差，未达到基本要求		
造型设计效果	平面设计：图案美感大气不繁琐，有韵动感，色彩搭配适合，有层次感。 立体设计：骨架简单、考虑周全，图案具情趣。种植孔设计合理，注意安全和养护方便	平面设计：线条明显，图案清晰 立体设计：结构合理，造型有特色	平面设计：图案呆板、线条不清、色彩杂乱 立体设计：造型不利于草花的附着，结构不合理，有安全隐患		

多肉多浆植物的繁殖与育苗

教学指导

项目导言

主要原产于非洲、南美洲的多肉多浆植物很多都具有奇特的外形，加之耐瘠薄、耐旱的习性，使它深受快节奏生活的现代城市人们的喜爱，即使在高楼大厦、阳台房顶，疏于管理的情况下，它仍然能够健康生长。多肉多浆植物既有新奇特殊之处，又具有大部分植物的基本特性。通过学习，了解它、认识它、繁殖它、利用它。

项目目标

1. 能分析各类多肉多浆植物的生长特点和在园林中的作用。
2. 能根据各类多肉多浆植物的观赏特征及生理习性，选择适当的繁殖方式。
3. 能利用适当的方式和技术，繁殖多肉多浆植物。

任务4.1 多肉多浆植物的繁殖

【任务目标】1. 认识各种常见的多肉多浆植物，了解它们的共同习性。
2. 运用各种手段，学习各种方法繁殖多肉多浆植物。
3. 能运用技术手段提高多肉多浆植物的繁殖率和花卉品质。

【任务分析】虽然产地不同，但多肉多浆植物大多生命力顽强，认识了其性质，它的繁殖方法和育苗工作都和大多数植物一样，甚至更为容易。

【任务描述】由于多肉多浆植物原产地问题，种子获得比较困难，故多以营养繁殖为主。如，扦插、嫁接等。

相关知识：多肉多浆植物的特点及生长习性

一、特点

多肉多浆植物多产于南美洲、非洲的热带、亚热带干旱地区，包括仙人掌科、景天科、百合科、夹竹桃科、菊科等多个科。为了适应干旱、少雨、光强的气候，故具有如下特点。

（1）茎叶肥大，内储藏大量水分。

（2）叶变态为刺状、针状，或有较厚的角质层，以减少水分的蒸腾。

（3）茎干多为绿色，可以光合作用。

（4）耐干旱，耐贫瘠，生命力强，管理十分粗放。适合现代人家住高楼，生活节奏快的特点。种类繁多，形态各异，色彩丰富，观赏性强。

1. 特色鲜明的多肉多浆植物（如图4-1～图4-12所示）

（1）叶多肉植物。景天科、百合科植物贮水组织主要在叶部。茎一般不肉质化，部分茎稍带木质化。按生境干旱程度的不同，叶的肉质化程度有所区别。，

（2）茎多肉植物。大戟科、萝藦科、夹竹桃科和牻牛儿苗科的多肉植物，贮水部分在茎部，称为茎多肉植物。

图4-1 百合科苍角殿

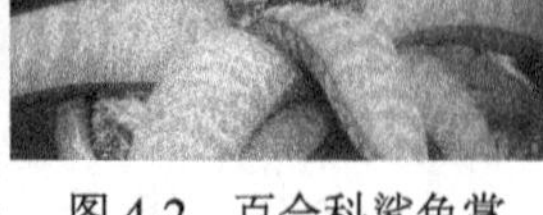

图4-2 百合科鲨鱼掌

图4-3 百合科万象

图4-4 百合科十二卷

图 4-5　大戟科布纹球

图 4-6　番杏科石生花

图 4-7　夹竹桃科沙漠玫瑰

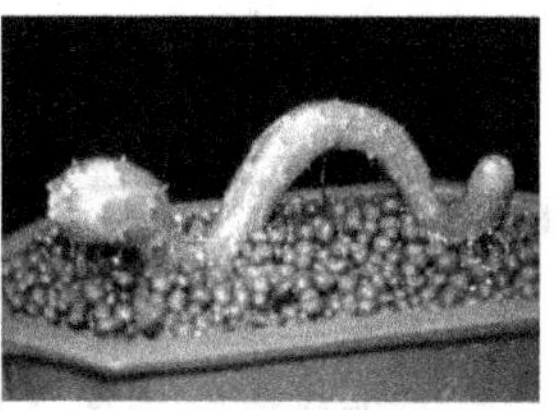

图 4-8　菊科泥鳅掌

图 4-9　菊科芙蓉菊

图 4-10　薯蓣科龟甲龙

图 4-11　景天科石莲花

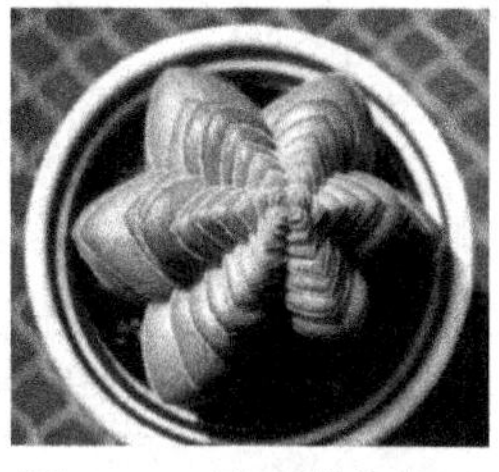

图 4-12　景天科六角巴

2. 形形色色的仙人掌科观花、观刺、观形植物（如图 4-13 所示）

图 4-13　仙人掌科观花、观刺、观形植物

二、生长习性

仙人掌及多肉植物品种繁多，习性各不相同，基本特点如下。

光照，夏季小心高温长时间的曝晒，多肉植物组织细胞肥厚散热缓慢，非常容易造成叶片晒伤。其他季节充分日照有助于植株生长。

水分，普遍怕水渍，要求基质透气透水。空气过于潮湿也不利。

温度，温度在 15 ～ 28℃最适宜，温度在 5 ～ 35℃是植株忍受极限。.

空气，通风很重要的，闷热夏天夜晚加强通风。

土壤，透气排水良好，不易结块的土壤。

由于种子不易获得，故以扦插为主的无性繁殖为主（如图 4-14 所示）。

图 4-14　多肉多浆植物的繁殖

活动1　多肉多浆植物的扦插繁殖

【活动目标】

1. 能完成仙人掌、景天、虎尾兰等多肉多浆植物的扦插工作。
2. 能理解多肉多浆植物扦插方法的特别要点和繁殖技术要领。

【活动描述】

多肉多浆植物抗性强，再生能力也较强，可利用肥厚的茎叶进行扦插繁殖。多肉多浆植物扦插繁殖的工作流程如下：

【活动内容】

一、扦插时间

以仙人掌为例，扦插繁殖在1年中的大多数时间均可进行，以春、初夏为好，盛夏、秋末及冬天较为不利。

二、扦插繁殖

扦插繁殖应首先准备适合仙人掌生长的基质，以轻壤土为好，加上少量腐叶土。

步骤一：切取插条。选用较老而紧实的1～2个茎节（如仙人掌），或将茎叶切成10cm左右的节段（如虎尾兰）（如图4-15所示），或大于2cm的子球（如仙人球）（如图4-16所示），用切刀切下，切口涂少量草木灰、木炭粉或硫磺粉，并稍作阴干。

步骤二：扦插入土。将插条插入沙床内，浅插1～2cm，大型的不超过3～5cm，并设支柱稳固，不浇水，但保持沙土湿润。25～40天后生根，3年后可开花，生根后上盆，盆土为沙，加少量腐叶土。

图4-15　虎尾兰的扦插

图4-16　仙人球的分球扦插繁殖

活动2　多肉多浆植物的嫁接繁殖

【活动目标】

1. 能进行仙人掌的平接和劈接。
2. 能将平接法和劈接法运用于不同的嫁接材料和造型要求。

【活动描述】

嫁接繁殖用于扦插难以成活的多肉多浆植物，也可用于造型，或保存芽变变色品种，运用较为广泛。多肉多浆植物的嫁接繁殖工作流程如下：

【活动内容】

一、嫁接繁殖的作用

造型、加速生长、珍贵品种繁殖、变色品种（缀化品种）的繁殖（无叶绿体）。

二、嫁接时间

气温大于或等于15℃均可，20～25℃最好，但盛夏休眠不利，以晴天为宜。

三、砧木的选择

量天尺、仙人柱、仙人球（草球）、三棱柱等。

四、嫁接的方法

1. 平接法

平接法适用于圆形、球形的仙人掌种类。砧木的选择和处理需考虑其组织内水多，收缩大而内陷，所以采取上部横向截断，并斜切棱角的硬皮。接穗的选择和处理采用下部平切，斜切去除部分硬皮的方法。二者的结合绑扎要求对准砧木髓部，用线或塑料袋扎缚（小盆可同盆环绕，地栽可吊重物），松紧均可，用力适当（如图4-17所示）。

2. 劈接法

劈接法适用于蟹爪、仙人指等扁平茎节的种类。砧木的选择和处理采取横切去顶，再竖切楔形裂口（中央髓部）的方法。接穗的选择和处理要求下部两面削成楔形。二者的结合绑扎要求中心维管束相连，嵌入，用竹针穿插（或用仙人掌刺），结合固定（如图4-18所示）。

图 4-17　嫁接繁殖的仙人掌

图 4-18　仙人掌嫁接繁殖之劈接法

任务训练与评价

【任务训练】

以小组为单位，根据季节和环境条件，完成以下任务并填写表 4-1。

1. 景天的扦插繁殖。
2. 仙人掌的嫁接繁殖。

表 4-1　植物繁殖表

植物名称（品种）	繁殖时间	繁殖方法	繁殖量	繁殖技术	备注（耗材、占地等）

【任务评价】

根据表 4-2 的评价标准，进行小组评价。

表 4-2　任务评价表

项目	优良	合格	不合格	小组互评	教师评价
繁殖方法	繁殖方法选择正确，适合特定时间和繁殖对象	选择的繁殖方法适合植物	选择的繁殖方法不适合季节或繁殖对象，造成成活率低		
繁殖技术	步骤正确，技术过关，注意细节。具有刺激生根的手法	能采用适当的方法繁殖一定量的植物	技术生硬，效率低下		
繁殖效率	繁殖速度快，成活率高（因品种而异，一般要求高于80%）	保证一定的成活率（因品种而异，一般要求高于70%）	繁殖速度慢，成活率低（低于60%）		

任务4.2　多肉多浆植物的育苗

【任务目标】 1. 能将多肉多浆植物培养成合格的商品苗。
2. 能通过嫁接等方法造型育苗，增加多肉多浆植物的观赏性。

【任务分析】 多肉多浆植物的育苗工作主要是保证多肉多浆植物的健康生长，并可通过嫁接及造型手段，提高观赏性。

【任务描述】 将繁殖的多肉多浆植物通过培育或嫁接造型，可增加其观赏性和附加值。

相关知识：多肉多浆植物育苗的目的

1. 观赏性的增加

将各种形态、颜色的仙人掌嫁接一体，可增加其观赏性（如图4-19所示）。

图4-19　仙人掌的嫁接造型

2. 观赏角度的方便

将匍匐重叠下垂生长的蟹爪兰分层次、多角度嫁接在柱型仙人掌上，可增加其观赏性（如图4-20所示）。

3. 繁殖成活

部分仙人掌茎干叶绿体受到破坏，形成橙色、红色、白色或其他颜色，这种仙人掌在自然界多因缺乏叶绿体，不能进行光合作用，无法制造养料而死亡。但经人为嫁接到其他健康的仙人掌上则可使其成活，呈现多种色彩，增加其观赏性（如图4-21所示）。

图4-20　分层次嫁接的蟹爪兰

图4-21　变色仙人掌的嫁接

活动　蟹爪兰的嫁接造型育苗

【活动目标】

1. 练习多肉多浆植物的嫁接繁殖。
2. 运用劈接法在三菱柱等柱状仙人掌上分层次多角度嫁接蟹爪兰。
3. 在蟹爪兰生长过程中，设立支柱，提高观赏性。

【活动描述】

蟹爪兰茎柔软，支持力差，多平伏，甚至下垂生长，影响对其花的观赏。提高育苗、造型，我们可以立体、多角度地增加它的观赏性。蟹爪兰嫁接工作流程如下：

分层次多角度嫁接 ⇨ 养护管理 ⇨ 支柱 ⇨ 造型

【活动内容】

一、嫁接

扦插柱形仙人掌类，如三棱柱作砧木（如图 4-22 所示）。运用平接或劈接方式，分别繁殖球形或扁平形状的仙人掌类植物，达到育苗造型要求。

蟹爪兰可以立体、多角度地、分层嫁接（如图 4-23 所示）。

图 4-22　砧木三棱柱的扦插

图 4-23　多角度嫁接

二、支架

利用支架可以支撑平铺生长的多肉多浆植物，增加层次感，改变观赏角度（如图 4-24、图 4-25 所示）。

图 4-24　支架的利用

图 4-25　支架利用的效果

任务训练与评价

【任务训练】

以小组为单位，根据季节和环境条件，完成以下任务。

1. 变色仙人球和三棱柱的嫁接。
2. 将蟹爪兰分层次、多角度嫁接到三棱柱仙人掌上。

【任务评价】

根据表 4-3 的评价标准，进行小组评价。

表 4-3　任务评价表

项目	优良	合格	不合格	小组互评	教师评价
育苗方法	方法选择正确	方法正确	方法选择不当		
育苗技术	步骤正确	步骤基本正确	步骤操作错误		
育苗效果	造型效果好	有一定的造型效果	未达到造型效果		

项目5 园林蕨类植物的繁殖与育苗

教学指导

项目导言

以观叶为主的蕨类植物，耐阴湿，非常适合作室内观赏、地被植物、水体绿化等。蕨类植物是一种不开花，利用孢子繁殖的植物。它的繁殖方式较其他植物有所不同。其育苗也有一定的特殊性。蕨类植物是孢子植物，它的生活史和种子植物有很大的区别，要繁殖它，我们必须了解孢子植物的生活史，要养护它、利用它，应该了解它的生活环境。

项目目标

1. 能分析各类蕨类植物的生长特点和在园林中的作用。
2. 能根据各类蕨类植物的观赏特征及生理习性，选择适当的繁殖方式。
3. 能利用适当的方式和技术，繁殖蕨类植物。

任务5.1 园林蕨类植物的繁殖

【任务目标】 1. 能根据不同蕨类植物的特点及园林功能，选择相应的繁殖方式。

2. 能运用各种繁殖技术对蕨类植物进行繁殖。

3. 能运用技术手段提高蕨类植物繁殖率和品质。

【任务分析】 蕨类植物是孢子植物，可以进行孢子繁殖，很多蕨类植物呈丛生状，可以进行分株繁殖。

【任务描述】 蕨类植物是一种不开花的植物，也没有种子，它的繁殖方式较其他植物有所不同。所以，它只能利用孢子繁殖，或分株繁殖。

相关知识：蕨类植物的特点与繁殖方法

一、园林中的蕨类植物

蕨类植物是高等植物中不开花的一个特殊类群，作为观赏植物素有“无花之美”之称誉。尤其是在日本、欧美，更被视为高贵素雅的象征。蕨类植物虽没有鲜艳的花朵，但以其古朴、典雅、清纯及线条和谐而独树一帜，代表着当今世界观赏植物的一大潮流。其清雅新奇，叶色碧绿青翠，以及耐阴多样的生态适应性，使之具有广阔的应用前景，尤其在室内园艺上，更显示出其优势。

公园、庭院应用蕨类作为布景和装饰材料逐渐趋向普遍。蕨类植物种类繁多，全世界有70多科12 000多种，除海洋和沙漠数量极少外，广泛分布于世界各地，尤以热带与亚热带最为丰富。我国蕨类植物种类十分丰富，现发现的蕨类植物有21属63科2600种，大多分布在温暖阴湿的森林环境，成为森林植被中草本层的重要组成部分。

目前我国园林建设中应用和开发的蕨类植物种类和数量还较少，各地实际应用的蕨类不过数十种，惯常利用的仅肾蕨等少数品种，这与我国丰富的蕨类植物资源情况极不相称。因此，大有合理开发、利用的必要与潜力。

二、蕨类植物的观赏特点

（1）蕨类植物具有强烈的耐阴性，在室内较弱的光照环境下长期摆放仍能良好生长；更能适应于乔、灌、草复层群落结构的草本层植物造景。

（2）蕨类植物格调清新、株形优美，是线条美的典范，在群落底层大量应用，可形成群体景观效果。

（3）蕨类植物类型多样，千姿百态，能满足不同人的不同需求。

（4）蕨类植物普遍喜湿，适应于阴湿环境的绿化。也有许多蕨类耐旱、抗性强，可应用于恶劣环境绿化。

三、蕨类植物的繁殖

蕨类植物是不开花的，也就没有种子，只能依靠孢子繁殖或分株繁殖。

活动1　认识园林中的蕨类植物

【活动目标】

1. 能识别常见的园林蕨类植物。
2. 能了解蕨类植物的习性，并在园林中加以应用。

【活动描述】

通过形态、生长环境的差异，识别不同的蕨类植物，并能在园林中加以运用。认识园林蕨类植物的工作流程如下：

观察常见的园林蕨类植物 ⇨ 根据特征识别园林蕨类植物 ⇨ 了解园林蕨类植物的习性

【活动内容】

一、蕨类植物的观赏

蕨类植物是植物界的一个重要组成部分，自然界中的山地、林间、溪旁、平原、草地均可见不同种类的蕨类植物生长，形成了蕨类植物丰富的生态多样性。株形、拳芽、叶、孢子囊群、根状茎、小芽孢都可以作为园林观赏对象。

现广泛应用于园林中的蕨类植物有凤尾蕨、铁线蕨、波士顿蕨、肾蕨、石韦、卷柏、翠云草、鹿角蕨、苏铁蕨、江南星蕨、桫椤（树蕨）等（如图5-1～图5-6所示）。

图5-1　肾蕨　　图5-2　波士顿蕨　　图5-3　凤尾蕨

图5-4　贯众　　图5-5　芒萁　　图5-6　问荆

二、蕨类植物的生长习性

大多数蕨类植物喜阴暗和潮湿的生态环境，多分布在山谷和林下环境，也有一些种类生长在干旱或半干旱的石灰岩山地，附生在树干或岩石上，植物上常附生大量的蕨类植物，形成独特的景观。不同纬度和海拔高度上，也分布着不同的蕨类植物。

活动2　蕨类植物的孢子繁殖

【活动目标】

1. 能在适当的时间搜集成熟的蕨类植物孢子。
2. 能用孢子繁殖出蕨类植物。

【活动描述】

孢子是蕨类的繁殖器官，大多数孢子植物都可以用孢子繁殖。蕨类植物孢子繁殖的工作流程如下：

【活动内容】

一、蕨类植物多进行孢子生殖

蕨类植物的叶片下部（腹面、朝阴面）生成孢子囊，众多的孢子囊聚集在一块形成孢子囊群，由一孢子囊群盖盖住，肉眼可观察到。当成熟时，囊群盖翻出（脱落），孢子囊破裂，孢子散发出去（这一景观在显微镜下可以清晰地观察到）。孢子散发出去后，在合适的条件下萌发，形成原叶体（即蕨类植物配子体），一段时间后，在配子体上发育出精子器和颈卵器，借助水的作用（原叶体生长在地面，型小），精子器发育的精子进入颈卵器中，发育一段时间后，就形成了孢子体，接着发育，就是我们常见的蕨类植物了（如图5-7所示）。

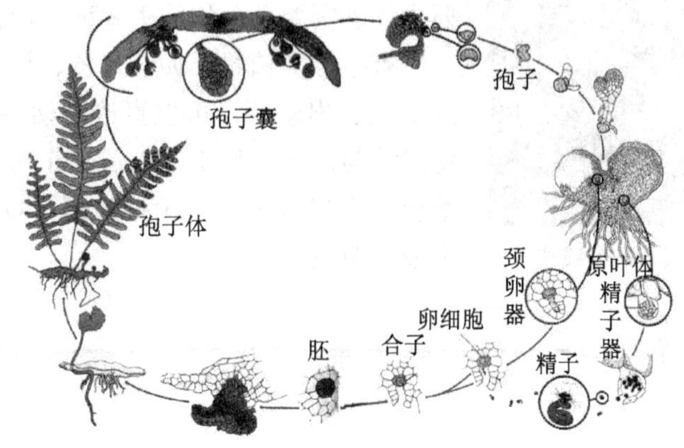

图5-7　蕨类的生活史

二、蕨类植物的孢子繁殖

蕨类植物的孢子，多产生于叶片背面的孢子囊内。当孢子开始散出时，连同叶片一起剪下，放入纸袋内。为了不损伤叶片，也可用干净的新纸袋或塑料袋套住叶片，轻弹使孢子落入袋内。收集后要尽快播种，因为孢子越新鲜，发芽率越高，发芽越快。为刺激孢子萌发，播种前可用300mg/L的赤霉素（GA_3）溶液处理15分钟。

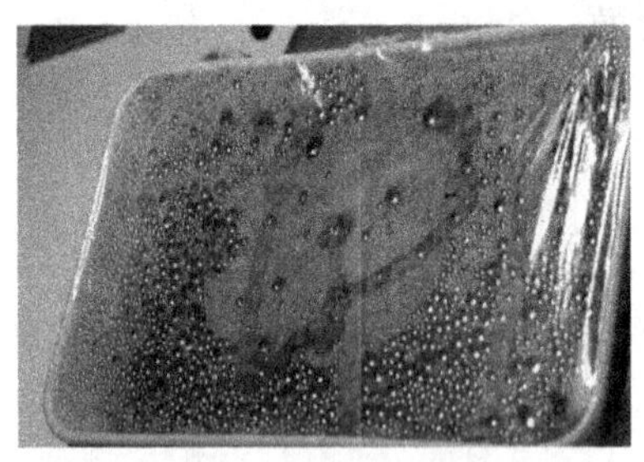
图5-8　孢子播撒后用薄膜保湿

育苗土壤多用腐叶土、泥炭土、河沙等混合配制而成，常用配方为腐叶土、壤土、河沙按6∶2∶2的比例混合。以上各原料必须过筛后拌匀，蒸气灭菌后才能使用。另外，播种用的育苗容器也必须消毒。播种后，温度要控制在25℃、空气湿度80%以上（如图5-8所示），每天光照4小时以上。从播种到出叶需要2～3个月（如图5-9所示）。当孢子体长出3～4片叶后移栽，仍用混合土作为基质，苗高10～15cm时栽入花盆。

图5-9　原叶体形成孢子体

孢子繁殖技术要求严格，需要高温高湿环境，一切用品包括容器、栽植材料和室内空间都应严格消毒，并保持清洁卫生。夏季干燥季节，要保持室内潮湿。

三、蕨类植物的分株繁殖

分株繁殖能用于丛生性蕨类植物（如图5-10所示），无特殊性，基本同常规分株繁殖。

一般于春季结合翻盆进行。把植株从盆中倒出，根据需要将一株分成数株，每株需带有根和叶。分株时要小心，切勿损伤生长点，保持根部有尽量多的土壤。剪掉衰老和损伤的叶、根。按照原来的土壤水平线重新栽植分株，浇水。分株繁殖无严格的季节要求，若需要，一年四季皆可进行。

图5-10　可分株繁殖的铁线蕨

有些蕨类植物，如铁角蕨、鳞片蕨等，在叶腋或叶片上能长出幼芽，可以直接把幼芽从母株上取下培养。将河沙与泥炭土按1∶1混合作基质，将幼芽一半埋入基质，伤口最好用杀菌剂处理，以免腐烂。充分浇水，用玻璃覆盖。

任务训练与评价

【任务训练】

以小组为单位，根据季节和环境条件，完成以下任务并填写表5-1。

1. 识别常见蕨类植物。
2. 贯众的孢子繁殖。
3. 铁线蕨的分株繁殖。

表 5-1 植物繁殖表

植物名称（品种）	繁殖时间	繁殖方法	繁殖量	繁殖技术	备注（耗材、占地等）

【任务评价】

根据表 5-2 的评价标准，进行小组评价。

表 5-2 任务评价表

项目	优良	合格	不合格	小组互评	教师评价
繁殖方法	繁殖方法选择正确，适合特定时间和繁殖对象	选择的繁殖方法适合植物	选择的繁殖方法不适合季节或繁殖对象，造成成活率低		
繁殖技术	步骤正确，技术过关，注意细节。具有刺激生根的手法	能采用适当的方法繁殖一定量的植物	技术生硬，效率低下		
繁殖效率	繁殖速度快，成活率高（因品种而异，一般要求高于80%）	保证一定的成活率（因品种而异，一般要求高于70%）	繁殖速度慢，成活率低（低于60%）		

任务5.2　园林蕨类植物的育苗

【任务目标】　能创造适合蕨类植物生长的环境，使其健康成长，达到观赏要求。

【任务分析】　大多数蕨类植物喜欢阴湿的环境，育苗管理工作和大部分喜欢阴湿环境的草本植物类似。

【任务描述】　将幼小的蕨类植物幼苗培养成具有观赏性的植物，需要了解蕨类植物的生长习性和要求。

相关知识：蕨类植物育苗的目的和方法

一、育苗的目的

育苗的目的主要是增加蕨类植物的观赏性。其观赏性的体现，需要环境的配合和足够大的体量。

二、育苗的方法

1. 生长环境的配合

虽然大部分蕨类植物喜欢阴湿的环境，我们创造这种条件即可，但也有少数的蕨类植物很特殊，如槲蕨，它是形成块状根茎，贴附在植物茎干或岩石表面生长，一旦繁殖成幼苗，就需要创造这样的条件，以适合其生长(如图5-11所示)。鹿角蕨也与此类似(如图5-12所示)。

2. 观赏性的提高

部分蕨类植物，如鸟巢蕨多长于热带雨林，悬空长于其他植物枝干上的腐殖质中，犹如悬挂栽植。模仿这种生长，悬挂栽植犹如鸟巢状，增加其观赏性，使之名副其实(如图5-13所示)。

3. 创造条件，促使其健康生长

蕨类植物幼苗细小，需培养茁壮，株叶茂盛，郁郁葱葱，才具观赏性。特别是以桫椤为代表的树蕨（如图5-14所示)。

图5-11　槲蕨

图5-12　鹿角蕨

图5-13　鸟巢蕨

图5-14　桫椤(树蕨)

活动　槲蕨的育苗

【活动目标】

1. 能通过栽培措施，满足槲蕨的生长习性，使其健康生长。
2. 能提高槲蕨的观赏价值。

【活动描述】

部分蕨类植物生长环境和生长方式较为特殊，通过栽培措施，满足其生长的特殊方式，还能够提高其观赏价值。槲蕨的育苗工作流程如下：

【活动内容】

一、幼苗繁殖

槲蕨的繁殖主要用分株法。在春季 4 月将根状茎分切成段，每段至少应有一片营养叶和孢子叶，然后进行盆栽，浅植。栽后放置在阴湿处，则成活的可能性很大。

也可以采用孢子繁殖，但生长速度慢，形成块茎较小。

二、幼苗培育

栽培槲蕨时要根据其附生习性，选取形态较好的枯木，将槲蕨块茎固定在上面树面，保湿、喷施液肥。也可盆栽，一是排水性要好，盆土可用腐叶土和炉渣各半配制；二是栽植要浅些，不要将营养叶埋在土中。可以用薄瓦片或木片覆盖部分盆土，诱导块根部分吸附生长（如图 5-15 所示）。

图 5-15　附石生长的槲蕨

以明亮散射光为宜。春秋季可接受半日光照，入夏后要避免烈日直射，若放在室内培养、欣赏，宜放在窗户的附近。生长季中，只要供应充足的水分，就能较好地生长。如能每月施 2 ～ 3 次有机肥，吸附栽植的可用少量黏土加上有机肥，涂抹于块根四周的树皮缝隙，可以促进营养叶和孢子叶的生长更新。另外，经常喷水增湿是管理中重要的一环，若供水不足，虽不致干死，但孢子叶瘦小，生长不旺盛。冬季入室后，要注意给予较好的光照，温室中的温度应不低于5℃，天晴时，要用温水喷雾增湿。

任务训练与评价

【任务训练】

以小组为单位，根据季节和环境条件，对孢子繁殖的贯众和槲蕨进行育苗栽植，为其生长提供良好的环境。

【任务评价】

根据表5-3的评价标准，进行小组评价。

表5-3　任务评价表

项目	优良	合格	不合格	小组互评	教师评价
育苗方法	方法选择正确，苗木健康四周	方法正确，苗木保障存活	方法选择不当，有死亡现象		
育苗技术	育苗管理技术适用性好、步骤正确	育苗管理技术运用正确、步骤基本正确	育苗管理技术不到位、步骤操作错误		
育苗效果	造型效果好，对苗木的观赏性有所提升	有一定的造型效果	未达到造型效果，凌乱无序		

第2单元

园林植物的栽培与养护

■ **单元教学目标**

单元介绍 ☞ 园林植物是有生命的个体或群体，其生长需要特定的良好环境条件。本项目主要是让学生根据植物的习性和环境特点，运用一定工具对植物进行日常的养护，满足其生长所需的光、热、水、气、肥等条件，能采取适当的措施，防止不良环境对植物的伤害。同时，通过修剪、造型等人为手段，控制植物的生长和外形结构，满足园林的功能要求。

能力目标 ☞

1. 能有针对性的为各种植物提供良好的光、热、水、气、肥环境，让植物健康生长。
2. 能防止外界不良环境对植物的伤害。
3. 能提供修剪、整形等手段控制植物的生长，满足人们的观赏要求。
4. 能调整栽培措施，“趋利避害”地对特殊立地环境的植物进行养护管理。
5. 能对特殊类型的植物，因地制宜地加强管理养护。

项目6 园林植物的肥水管理

教学指导

项目导言

将各种不同习性的园林植物栽植在一起，美化我们的生活。我们要通过各种途径为每种植物的正常生长创造良好的条件，达到观赏要求。

项目目标

1. 会根据工作性质，正确使用各种工具和机具，提高工作效率。
2. 能分析环境及植物习性差别，并以此为依据完成肥水管理，满足植物对水分、矿物元素的要求。
3. 能在植物生长过程中完成中耕、除草等管理工作。

任务6.1　栽培养护工具、机具的使用与保养

【任务目标】 1. 能根据各种工作性质，合理、安全地使用各种园林工具。

2. 理解机具原理，合理运用机具提高效率。

3. 安全使用，合理维护工具、机具。

【任务分析】 1. 不同的园林工具适用于不同的园林工作，它的使用有一定的要求和安全注意事项，使用后必须进行相应的维护。

2. 不同的园林机具适用于不同的园林工作，它能够带来工作效率和工作质量的提高，但应注意安全使用和维护工作。

【任务描述】 “工欲善其事，必先利其器”。在进行园林养护之前，我们首先应该熟悉各种工具和机具的使用，它能够减轻我们的劳动强度，提高工作效率，并能准确地进行温度、剂量、浓度等方面的控制，使我们的工作更加准确和科学。

相关知识：常用工具、机具及其适用条件

一、手工工具的种类及用途

1. 土壤耕作类工具

花锹、花锄、花耙、花铲（如图6-1、图6-2所示）。

图6-1　花锄

图6-2　花铲

2. 刀剪类工具

剪枝剪（整枝剪、修枝剪）、整篱剪（篱笆剪）、高枝剪、园林锯（如图6-3～图6-5所示）。

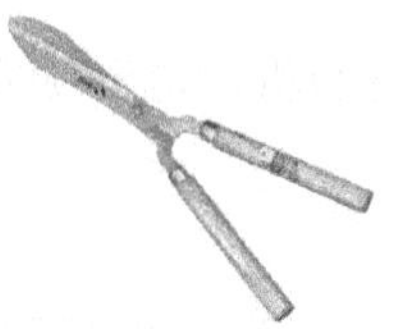

图6-3　剪枝剪

图6-4　整篱剪

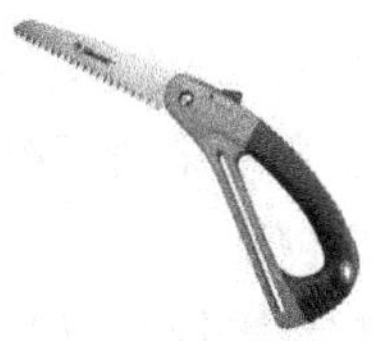

图6-5　园林锯

3. 喷洒类工具

水管、喷雾器、洒水枪、喷粉器（如图 6-6、图 6-7 所示）。

图 6-6 背负式喷雾器

图 6-7 手持式喷雾器

4. 计量类工具

量筒、温度计、秤（如图 6-8 ～图 6-10 所示）。

图 6-8 量筒

图 6-9 温度计

图 6-10 电子秤

二、小型机具的种类及用途

1. 土壤耕作类工具

整地机（土壤翻耕机）（如图 6-11 所示）、打孔机等。

2. 刀剪类工具

草坪修剪机、起草皮机、绿篱修剪机、打药机、油锯（如图 6-12、图 6-13 所示）。

3. 喷洒类工具

图 6-11 整地机

图 6-12 草坪修剪机

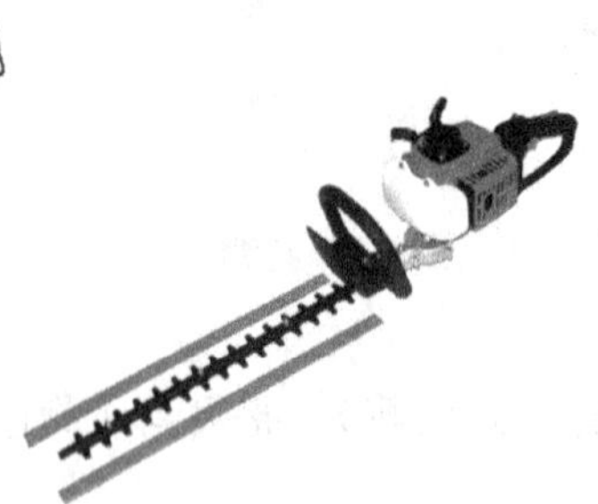
图 6-13 绿篱修剪机

图 6-14 电动喷粉机

水泵、洒水车、电动喷洒机、电动喷粉机（如图 6-14 所示）、自动化喷洒控制器。

4. 其他

精量播种机（如图 6-15 所示）、保湿和控温设备等。

图 6-15 精量播种机

活动1　园林工具的认识及使用

【活动目标】

1. 能正确认识常见园林工具，并在工作中对应使用。
2. 能遵守工具借用、安全使用和保护归还制度。
3. 对新型工具，能在使用前阅读使用说明书。

【活动描述】

园林工具是完成园林工作必备的器具，对应使用能提高劳动效率，保证生产品质。园林工具的使用流程如下：

【活动内容】

一、工具与工作的对应

1. 刀剪类工具的适用特点

绿篱剪一般用于绿篱细枝的修剪，枝条粗度一般在5mm以下，最多不超过1cm。

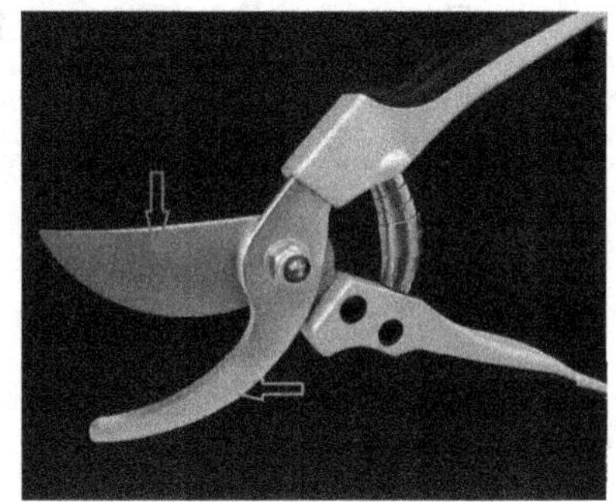
图6-16　枝剪

枝剪，又称园林剪（如图6-16所示），其刀面分窄刀面（绿色箭头）和宽刀面（红色箭头），剪切枝条是依靠窄刀面的挤压和宽刀面的切削完成的，而挤压会伤害枝条内部结构。由此用刀时应注意，枝条剪切时，应该用宽而薄的刀面切取。如插条的上剪口，剪的宽面向下，防止伤了剪口的芽；而插条的下部剪口，宽而薄的面应该向上，减少对剪口处留节的形成层的压伤。枝剪用于花枝的修剪，但对应木质化程度较高的直径超过1.5cm以上的枝条剪取较为费力，这时就应该选择双手用力的粗枝剪。

而在3～5cm以上的枝条则需要用锯子来处理。果剪刀口尖细，使用需要的空间小，操作方便。

砍刀一般不用于枝条修剪，因为它砍切时难以形成平整的切口，凹凸不平的创伤面易孳生病虫。

2. 耕作与锄头

小面积土壤耕作时一般用锄头或踩锹翻土，细碎土壤和中耕一般用耙。锄口宽的锄头利于平整土地，锄口窄的锄头利于深翻土地。

3. 计量准确的重要性

在配制化肥和农药浓度时精确地测定，能够节约肥料，利于植物生长，减少对环境的污染。特别是在配制激素时，其需要量极少，而对植物生长的影响随浓度变化有极大的差别，更要求精确。

二、工具的保管

（1）保管场所：干燥通风，单独存放。工具多建立专门的工具间，工具少设立工具柜（角）。

（2）借用归还制度：形成制度，借用要填写借条，归还时要检查。定期进行工具保养、清点、报损、更新。

（3）保管方法：工具归还时首先清理清洗，金属刀具要作防锈处理，清干净喷灌设备中的残液，刀具定期磨制、上油润滑。

任务训练与评价

【任务训练】

以小组为单位，轮流负责工具的保管和保养，采用组长负责制，严格工具的保管、使用、归还、交接和保养制度，一般不专门单独训练工具的使用，但要求达到如下要求。

1. 了解工具的作用，第一次使用前要阅读说明书。
2. 按实际工作任务对应使用，提高工效。正确、安全地使用工具。
3. 遵守工具保管、使用、归还和保养制度。

【任务评价】

根据表6-1的评价要求，进行小组评价。

表6-1　任务评价表

项目	优良	合格	不合格	小组互评	教师评价
工具的借用、归还制度	遵守工具的领取、使用和归还制度	借用签字、归还清洁	无手续拿用工具		
工具的正确安全使用	安全和正确地使用工具	适合工作需要	非正常、有安全隐患使用工具		
工具的爱护与维护	爱护工具。有意识作工具维护工作	完整归还或损坏为正常使用磨损、消耗	工具有非正常使用破损		
工具的保养和管理	保养方法正确，管理到位	会保养方法	维护不当		

活动2　园林机具的种类和使用

【活动目标】

1. 能正确地认识常见园林机具，了解其在园林工作中的用途。
2. 能认识园林机具对园林工作效率的提升作用。
3. 能遵守机具借用、安全使用和保护归还制度。
4. 对新型机具，能在使用前认真阅读使用说明书。

【活动描述】

相对于园林工具来说，园林机具能成倍地提高工作效率，是大规模园林生产、大面积园林养护的必备条件。就中职学生而言，因涉及安全问题和栽培面积的限制，机具多集中训练，不单独借用。园林机具的使用流程如下：

【活动内容】

一、使用电动机具对工作效率的提升作用

1. 效率对比

土壤耕作机（如图6-17所示），价格1000多元，每亩耗油5元（0.8L/亩），每小时2～2.5亩。人力翻土一般10～14小时/亩。

挖坑机（如图6-18所示），价格约500元，每小时耗油10元，成孔速度20～40秒（孔直径30～50cm，深60～80cm）。人力挖穴一般每穴10～20分钟（土穴）。

绿篱修剪机，价格约1500元，每小时耗油10元，一天的工作量相当于15～20个工人的劳动量。

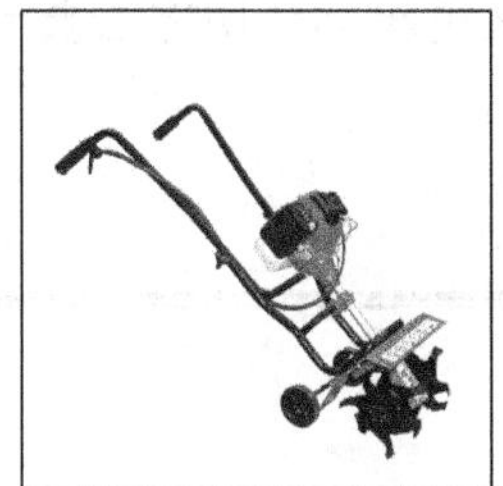

动力类型：汽油
功率：5.5马力
排量：163cc
耕宽：500/600mm
耕深：15～30cm
生产率：2～2.5亩/小时
转数：3600转/分
启动方式：手拉启冲式
耗油量：0.8L/亩

图6-17　土壤耕作机

成孔深度：500～800mm（自选）
成孔时间：16～40秒（因地而议）
燃油消耗：600～800克/小时
操作方式：一人或两人
钻头直径：40～300mm

图6-18　电动打孔机

2. 质量对比

均匀度、整齐度均以机具效果较好，手动工具在局部细节处理可以较精细。

二、电动工具的适用特点

1. 各种剪草机的工作原理和应用（如表6-2所示）

表6-2 剪草机的工作原理和应用

类型	原理	效果	注意事项
滚刀式（如图6-19所示）	利用环状排列的弧形刀片滚动加上一水平刀片之间的切割，剪去高于水平刀片的草叶	修剪效果良好	要求地面平整，杂物少，否则易伤害刀片
旋刀式（如图6-20所示）	利用一块水平方向高速旋转的双刃条状刀片切割高于刀片高度的草叶	修剪效果较好	注意刀片安装角度和安全问题
背负式（如图6-21所示）	利用一高速旋转的带齿圆盘状刀片切割草叶（家用背负式的也用高速旋转的尼龙线绳代替刀片，增加安全性能）	修剪效果较差	一般用于花坛边缘、汀部之间、树丛基部等杂物较多的地方的草坪修剪

图6-19 滚刀式剪草机

图6-20 旋刀式剪草机

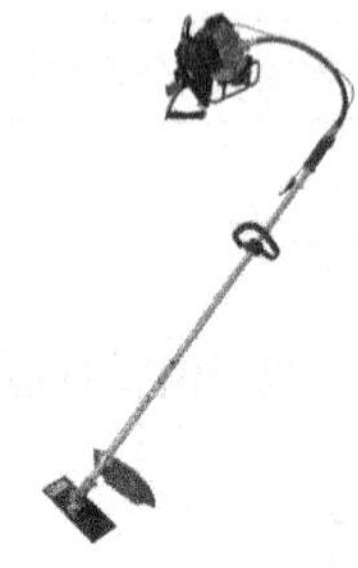

图6-21 背负式剪草机

2. 水泵的作用

虽然我们可以利用自来水的水压来浇灌植物，但自来水中有氯离子，不利于忌氯植物的生长，而且夏天裸露水管以及冬天大棚栽植都会造成水温的不稳定，所以利用存水浇灌在园林栽培中极为常见。此外，我们结合施肥配制的液肥也可以用水泵抽水浇灌。

3. 安全的保障

涉及用电安全、刀具安全。小型机具使用前必须阅读说明书。大型机具使用方法要专业培训（如需驾车执照等）。

任务训练与评价

【任务训练】

机具的使用一般集中训练，仍然以小组为单位，涉及安全问题，禁止学生单独使用。

1. 剪草机的正确、安全使用练习。
2. 绿篱机的正确、安全使用练习。
3. 油锯的正确、安全使用练习。

【任务评价】

根据表6-3中的评价标准，进行小组评价。

表6-3 任务评价表

项目	优良	合格	不合格	小组互评	教师评价
机具使用前	认真阅读说明书，检查机具，学习演示	认真学习机器使用、演示	盲目，想当然随意开始使用机具		
工具的正确、安全使用	安全和正确地使用机具	适合工作需要	缺乏机电使用安全常识，非正常、有安全隐患地使用工具		
机具使用后	清洁机具	完整归还或损坏为正常使用磨损、消耗	有可避免损伤或无机具交接和清洁行为		
机具的保养和管理	保养方法正确，管理到位	会保养方法	维护不当		

知识拓展

新型园林小工具：嫁接剪刀、绑枝器、嫁接夹

随着现代农业集约化、工厂化、规模化生产的普及，在市面上出现了很多新型的园林小工具。

（1）嫁接剪刀（如图6-22、图6-23所示）。它利用特殊的凸形刀口，将接穗和枝条的基部或顶部剪切为凹凸对应的缺口，然后将二者对齐绑扎，将复杂的嫁接过程加以简化，成倍地提高嫁接效率。但我们应该注意这种嫁接剪只能用于木本植物，主要用于园林花灌木和果树的嫁接，它要求接穗和砧木的粗细大致一样才能进行（如图6-24、图6-25所示）。

图6-22 嫁接剪刀

图6-23 嫁接剪刀（刀形）

图6-24 剪后效果

图6-25 结合效果

（2）绑枝器。在葡萄等藤性水果生产和瓜类蔬菜生产中，人工通过绑扎控制枝条生长，是常用的管理手法之一，它可以让枝条分布合理，受光均匀，加强支撑。利用绑枝器，可以成倍地提高劳动效率，减少劳动强度。绑枝器由胶带、绑钉和刀片组成，是包装绑扎器的变型（如图6-26、图6-27所示）。

图6-26 绑枝器的使用

图6-27 绑枝器及配件

（3）嫁接夹。目前在瓜类生产中，为了减少连作引起的土壤病虫害的累积，增加植物抗性，提高产量，往往运用抗性强、根系发达、吸收能力强的南瓜作为砧木，采用秧苗嫁接法进行生产，但砧木和接穗的结合绑扎环节，因秧苗极其幼嫩，不易进行，现多用嫁接夹加以固定（如图6-28所示）。为了保护苗木，嫁接夹有平口和圆口两种类型（如图6-29、图6-30所示）。

新型的园林工具虽然很多都是由司空见惯的日常生活中的小工具演变或改良而来，甚至有较强的局限性，但它对单一物种大规模生产具有成倍提高功效、减少成本的作用。这些工具同学们也可以自己进行创新。

图6-28 嫁接夹

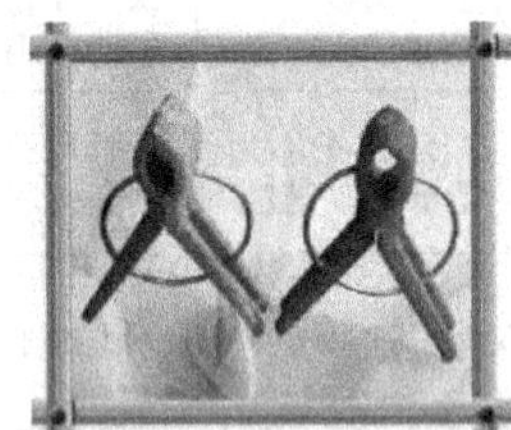

图6-29 圆口嫁接夹

图6-30 平口嫁接夹

全自动温室

在现代农业科技发达，而人力资源较贵的国家，如荷兰、加拿大、以色列等，均广泛采用全天候自动控制温室，它们由合金构成牢固的骨架，覆盖透光性极好的玻璃或塑料，在充分利用太阳能的同时，温室可实现全自动控制，配套设备可选择加热系统（热风机加热或水暖加热）、遮阳幕系统、微雾或水帘降温系统、二氧化碳补充系统、补光系统及喷、滴灌和施肥系统、顶喷淋系统等。通过计算机综合控制系统，对大棚内的温度、湿度、光照、二氧化碳、卷帘、补光进行全智能化的控制。而且可远程监控，甚至用手机可直接控制。整个栽培过程无需人工干预，无需整地、除草、浇水、施肥、打药等劳动，真正实现种植自动化、工厂化。

从这些资讯我们应该知道，有很多的工具、设备的运用我们可以学习；而且现代园艺技术已经发展到几乎可以在地球的任何地方生产任何植物的地步，只是基于成本和必要性的考虑。

任务6.2 园林植物的水分调节

【任务目标】 1. 能根据植物的需水习性，适时、适量地通过多种方法为植物提供水分。

2. 理解浇水量的控制和水质、水温的保证。

3. 理解水分过多对植物的危害，设计时预留排水设施；养护中控制并排除土壤过多水分。

4. 从水资源的保护，进行环保教育。

【任务分析】 1. 植物主要通过根系从土壤缝隙中吸取水分。我们为植物提供水分的主要方式也是向土壤浇水。根据植物习性，在适当的时间为植物提供清洁的水分，选用高效节约的浇水方式和适当的浇水量是我们要学习的主要内容。

2. 土壤缝隙的有限性造成过多的水分，会影响植物根系的通气，在水分过多时及时排水也是植物养护的重要工作。

【任务描述】 水是生命生存的必备条件，对于园林植物也是如此。它直接决定了园林植物的生长、分布、习性等。园林植物在长期的自然生活中也形成了依附于一定环境条件对水的习性要求。我们在管理时，应针对植物习性、土壤环境、天气状况，通过各种方法为植物提供充足的水分。同时，避免水渍或积水对植物的伤害。

相关知识：常用浇水及排水的原则与方法

一、浇水

（一）口诀及适用条件（如表6-4所示）

表6-4　口诀表

口诀	适用条件
宁湿勿干	喜湿花卉、夏天早晨、施肥的第二天
间干间湿	用于盆栽的大部分花卉、生长季节
干透浇透	用于盆栽的大部分花卉、生长季节
宁干勿湿	用于耐旱花卉、冬季盆花、花卉开花期

（二）原则

1. 因种而异（指标：蒸腾系数）

蒸腾系数：又称需水量，是植物形成1g干物质所消耗的水量。

2. 因时而异（指标：植物需水临界期和最大需水期）

植物的最大需水期：植物生活周期中需水最多的时期。

水分临界期：植物对水分供应不足最为敏感、最易受到伤害的时期。 一般植物在新枝生长期、花芽分化期及果实膨大期为植物水分临界期。

3. 植物对水分的需求特性（指标：空气湿度和土壤湿度）

块根植物、多肉多浆植物类植物基本都很耐旱；马蹄莲、秋海棠类、龟背竹等喜湿花卉，要求空气相对湿度不低于80%；茉莉、白兰花、扶桑等中湿花卉，要求空气湿度不低于60%；兰花要求空气相对湿度不低于80%，但忌土壤潮湿。

（三）浇水的时间

浇水选在每天清晨、傍晚为佳；中午一两点为忌，特别是夏天。因为土壤温度是影响根系吸水的主要因素之一，夏天中午浇水会急剧降低土壤温度，使植物根系吸水能力下降；而夏天植物水分蒸腾量大，会造成植物萎蔫甚至死亡。

（四）水质与水温

（1）淡水：应该用软水（河水、池水、湖水、自来水），不要用硬水（泉水、井水、盐湖）。

（2）pH：酸性植物不可以浇碱性水。

（3）水温：冬天温棚内和夏天的裸水管形成水温的急剧变化，故多用存水。

（4）自来水：含氯化物（漂白粉），不利忌氯作物，多用存水。

（五）浇水量

盆栽植物浇水以排水孔有水渗出为度，地栽植物浇水因植物种类、土壤质地、生长季节而异，一般以水分渗透到植物吸收根层为好（3cm 以上）。

二、排水

1. 土壤孔隙

土壤孔隙是指土壤中大小不等、弯弯曲曲、形状各异的各种孔洞。一般划分为3种类型。

（1）非活性孔隙：是土壤中最细的孔隙，当量孔径＜0.002mm，根毛和微生物不能进入此孔隙。

（2）毛管孔隙：当量孔径为0.020～0.002mm，由于此种孔隙的毛细管作用非常明显，所以称为毛管孔隙，内部可以吸附和悬存植物可以吸收的水。

（3）通气孔隙：孔隙的当量孔径＞0.02mm，其中的水分在重力的作用下迅速排出土体，或下渗补充地下水，成为通气的通道。

土壤大孔隙通气，小孔隙储水。水分过多影响通气，根系不能呼吸。水淹还会造成泥浆外翻，土壤板结。

2. 土壤有效水

（1）非活性孔隙中的水是束缚水，植物不能吸收，常用萎蔫系数来表示。萎蔫系数是植物发生永久萎蔫时，土壤中尚存留的水分含量（以土壤干重的百分率计）。它用来表明植物可利用土壤水的下限，土壤含水量低于此值，植物将枯萎死亡。

（2）毛管孔隙中的水是毛管水，是主要的有效水，常用田间持水量来表示。田间持水量长期以来被认为是土壤所能稳定保持的最高土壤含水量，也是土壤中所能保持悬着水的最大量，是对作物有效的最高的土壤水含量，且被认为是一个常数，常用来作为灌溉上限

和计算灌水定额的指标，所以浇水不能太多，保证毛管水充足为好。

（3）通气孔隙中的水是重力水，植物吸收量非常少，常用土壤有效水来表示。土壤有效水是田间持水量与萎蔫系数之间的水量，也可以理解为植物可以吸收利用的土壤水分。

以上内容说明植物能够吸收的土壤水分是土壤含水的一个较狭窄的百分比率，水分过少，植物缺水会影响其生长甚至成活，但是水分过多，占据通气孔隙，根系会缺氧，影响呼吸，使植物受到伤害，应及时排水。

活动1 园林植物的浇水

【活动目标】

1. 能选择高效、节约的浇水方式，为植物提供水分。
2. 能根据植物的习性，保证供水量的充足。
3. 能选择适当的时期和恰当的时间为植物提供水分。

【活动描述】

水是植物的生存条件，直接关系植物的成活，但根据不同的植物种类、习性、生长时期和环境、季节，浇水方法、浇水量和浇水时间有所不同，还应注意水质和水温问题。园林植物浇水的工作流程如下：

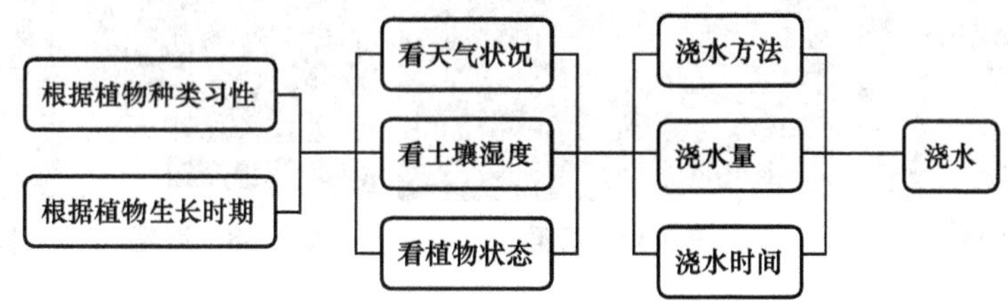

【活动内容】

一、为植物提供水分的方法

1. 盆花浇水法

（1）浇淋水：用水将植株和盆土全部淋透。植物生长季常用。在浇水的同时，可清洁叶片（如图6-31所示）。

图6-31 浇淋水

（2）浸盆法浇水：将花盆放入盛有浅水的盆或池中，利用排水孔反渗吸水的方法。可以防止水流冲刷，形成小苗倒伏或种子分布不均匀（如图6-32所示）。

（3）喷水（喷雾）：向植物或环境喷施水雾（如图6-33所示）。可以起到增加空气湿度、叶面施肥、叶面清洁或湿润的作用。

（4）控水（又称扣水、勒水）：用于大树移栽、古桩采集，以及苗木翻盆等伤根严重的情况。一般栽植后先浇足透水定根后，一段时间内，仅向地上茎叶喷水的方法（如图6-34所示）。

（5）浇灌法：直接向盆土中浇水而不打湿茎叶的方法。主要用于花期、嫁接或修剪后茎叶伤口过多时（如图6-35所示）。

图6-32　浸盆法浇水

图6-33　喷雾

图6-34　控水

图6-35　盆花浇灌

2. 地栽浇水法

（1）渠灌、漫灌（传统）：利用沟渠将地表水分流到田间地头，采用漫灌的方式浇水，易造成土壤板结、浪费水，但可带来部分肥土（如图6-36所示）。

（2）喷灌：利用管道和压力，将水喷入空中做雨水状落下（如图6-37所示）。

（3）渗灌：通过地下沟渠、管道，将水引入田间，浸入土层（如图6-38所示）。

（4）滴灌：最节水的方式，将水源通过管道引入，用滴头于苗木根部滴状供水（如图6-39所示），可以结合施肥。

图6-36　渠灌

图6-37　喷灌

图6-38　渗灌

图6-39　滴灌

二、干旱盆栽植物的处理

盆花遇到干旱、漏浇，中午会使叶片萎蔫，枝条下垂，应搬于阴处，向叶片喷水。叶片恢复后再浇水。

任务训练与评价

【任务训练】

浇水为日常管理措施，日常训练的要点是在适当的时间，选取适当的方法，为不同的植物提供不同水量水分的方法。以小组为单位，在日常苗木管理养护中，积累经验。其技术上没有难点，没有专门训练的必要。

组织学生，以小组为单位，完成自动化浇水设备的安装。

（一）方案一：用于有自来水的条件：自来水管＋控制器＋水管＋滴头或喷头（如

图 6-40 ～图 6-44 所示）。

1. 自动化浇水系统示意图。

2. 自动化浇水系统组成配件。

3. 水源及主控器（控制器以太阳能兼有雨水感应器的为好）。

4. 滴头安装示意及效果（滴头插入苗木根系集中区或盆土中）。

5. 喷头安装示意及效果（喷头一般要高于地栽灌木类的叶）。

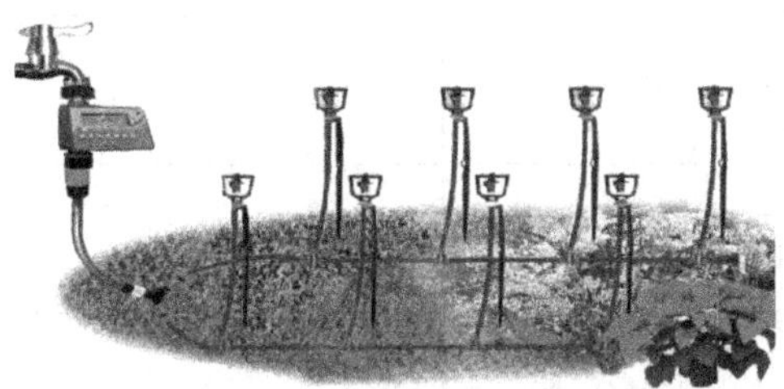

图 6-40　自动化浇水系统示意图

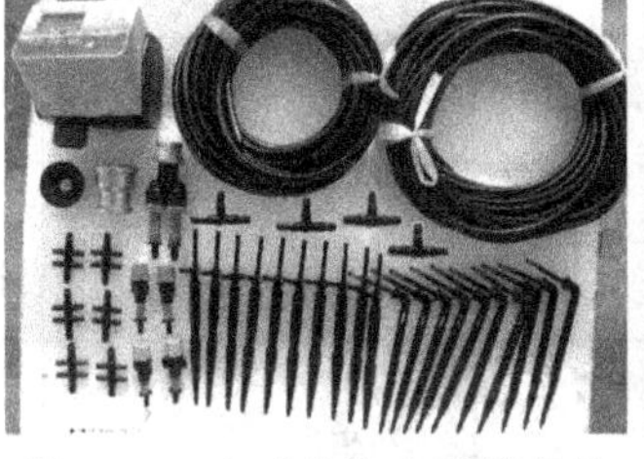

图 6-41　自动化浇水系统组件

图 6-42　水源及主控器

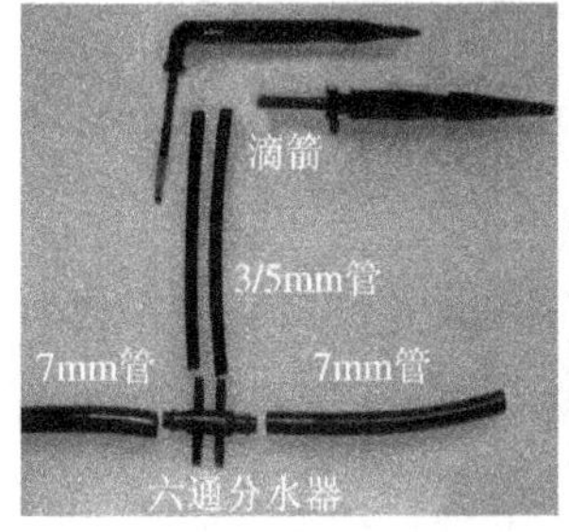

图 6-43　滴头及滴灌效果

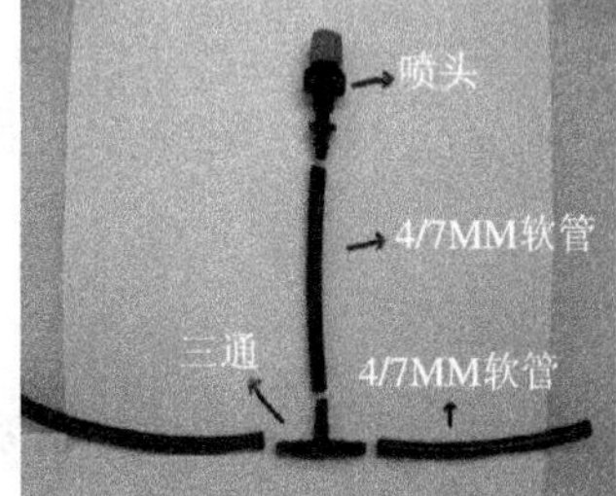

图 6-44　喷头及喷灌效果

（二）方案二：用于没有自来水的条件或植物忌氯的：（水源 + 水泵）+ 控制器 + 水管 + 滴头或喷头。 除将吸水头（图中方框内）部分放入水桶水池中，其他同上（如图 6-45 所示）。

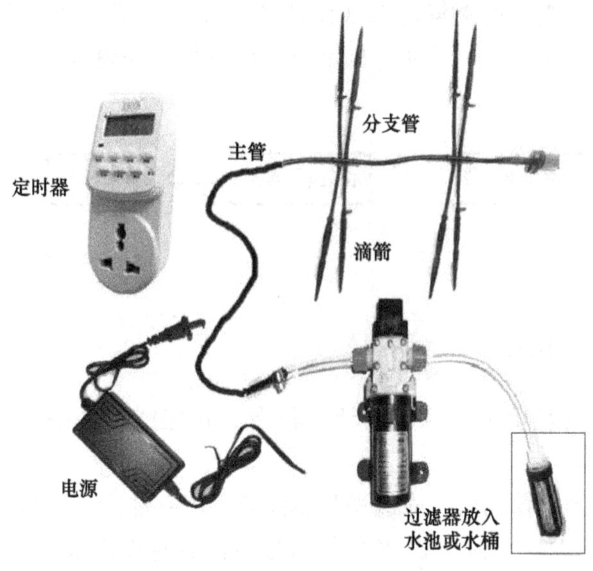

图 6-45　无自来水源自动化浇水安装图

【任务评价】

根据表6-5中的评价标准，进行小组评价。

表6-5 任务评价表

项目	优良	合格	不合格	小组互评	教师评价
浇水时期	满足植物生长习性和生长时期	充分供给	错过了临界区，影响植物生长		
浇水时间	时间为清晨或傍晚	避免了夏天中午、冬天凌晨等极端天气	选择不当		
浇水方法	方法满足植物生长习性	基本正确	形成花朵腐烂或土壤积水		
浇水量	适中	充足	太少或浪费过多		

活动2 园林植物的排水

【活动目标】

1. 能在园林设计和建设初期，对排水系统进行合理规划。
2. 能随时检查，保证排水设施的畅通。
3. 能在雨水充沛的季节，做出排水的预警和处理。

【活动描述】

土壤水分充足是植物成活的关键，但水分过多会占据土壤空隙，造成土壤通气不良，根系缺氧，导致植物病变或死亡，所以，排水是园林植物水分调节的重要工作。园林植物排水的工作流程如下：

【活动内容】

一、地栽植物的排水方法

（1）不耐水渍的植物栽植地点应该设计在花台、花坛或高处等排水良好的地方（如图6-46所示）。

（2）苗圃、花坛等地栽植物时，应该先开厢作床，留有畦沟（如图6-47所示）。

（3）草坪建设应该保持0.2%～0.3%的排水坡度，或建设排水暗沟、埋设暗管等（如图6-48所示）。

（4）广场绿化、道路也应该利用地形排水或修建排水设施（如图 6-49 所示），也可以在园林低洼处建设高渗透层，连接排水道或储水设备（如图 6-50 所示）。出现水淹情况应该及时排水，打通排水沟或动用水泵抽水。

图 6-46　种植地的高低与植物需水性

图 6-47　苗木间的排水沟

图 6-48　草坪的坡度利于排水

图 6-49　利用地形排水

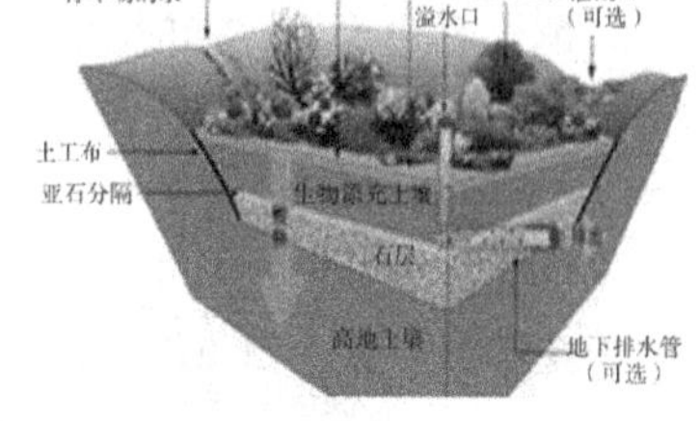

图 6-50　园林低洼处的渗透层排水设计

二、盆栽植物的排水方法

盆栽花卉时垫好排水孔，怕水渍的花卉，如兰花，盆栽时多垫数层石子，加深排水层或采用特制的防止水涝的兰盆（如图 6-51 所示）。

图 6-51　极具特色的排水孔和盆垫

在实际生产中，由于盆土板结或排水孔堵塞等原因，会出现盆花水涝，水淹苗木，使叶片萎蔫、枝条下垂的现象。此时，应该脱盆将土团放于通风处，待盆土阴干后再重新上盆。

任务训练与评价

【任务训练】

以小组为单位，完成以下工作。

1. 防止水涝是园林建设、苗木栽植前期的工程必须考虑的设计，同时小组在日常园林养护工作中，特别是雨季，加强巡视，疏通排水沟渠；排水任务是特殊情况下的补救措施，迅速地处理，保证苗木的成活是本任务的关键。无需专门训练。

2. 盆栽植物时，在垫排水孔时，既要保证喷水孔的通顺，又要防止培养土流失，应该注意方法和材料的选择。

【任务评价】

根据表 6-6 的评价标准，进行小组评价。

表 6-6　任务评价表

项目	优良	合格	不合格	小组互评	教师评价
日常管理	平时注意排水沟、管道的清理，保证其通顺	了解排水设施	缺乏防范，积水		
雨季维护	雨季多巡查，出现水涝情况应该及时排水处理	出现水涝情况知道排水处理	排水不及时		
盆栽管理	盆栽植物时，在垫排水孔时，应该注意方法和材料的选择	正确垫排水孔	垫盆方法不正确或垫盆材料不适合		
盆花水涝处理	盆栽植物水涝后应该及时救护	正确处理水涝苗木	处理方法欠妥或听之任之		

知识拓展

浇水新法

目前，市面上已经出现一种新型土壤保水剂，它是一种水的载体，专门为植物长期提供水分，可代替或减少人工浇水，很多作物用一次整年都不需浇水，可从根本上解决干旱地区种植无水可浇或浇灌成本太高的现实难题。

该材料为一种新型的高分子材料，吸水率高达 500 倍（即 1g 本剂可吸纯水 500g），吸水后材料变为果冻状，明胶物质（如图 6-52 所示），水分不易挥发流失，但植物根系可以从中吸收水分，从而达到蓄水、保水、供水的目的。据称该材料无毒无害，有效期长，每亩成本不到百元。

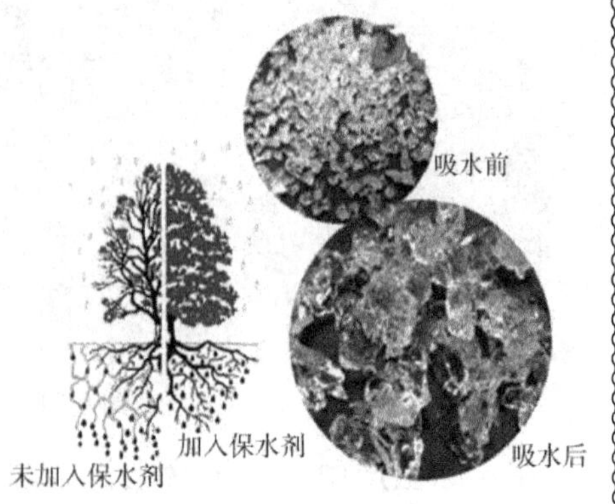

图 6-52　新型保水剂示意图

任务6.3 园林植物的土壤认知

【任务目标】 1. 会通过实验检测，认识土壤的理化性质，并以此为依据，作土壤改良。
2.“适地适树”地选择适合的植物栽培。

【任务分析】 在自然状态下，土壤除了为植物生长提供场所和营养外，它还调节植物的光、热、水、气、肥等生存条件，直接决定植物的生长状态，我们应全方位地对土壤进行分析和了解。同时，“适地适树”地选择栽种植物的种类。

【任务描述】 土壤是自然生物生长的基础，相对于光、热、水来说，土壤更具有稳定性和地区差异性。了解栽植地的土壤环境、土壤性质，结合植物的习性加以选择、改造、利用，直接决定生产成本及苗木生长状态。

相关知识：土壤的性质

一、土壤的组成

土壤由固相、液相、气相三相物质组成（如图6-53所示）。“固相”主要包括土壤中各种岩石碎屑、矿物颗粒（矿物质）以及动、植物和微生物的残体（有机物）;“液相”主要指土壤溶液或土壤水;“气相”指土壤空气。

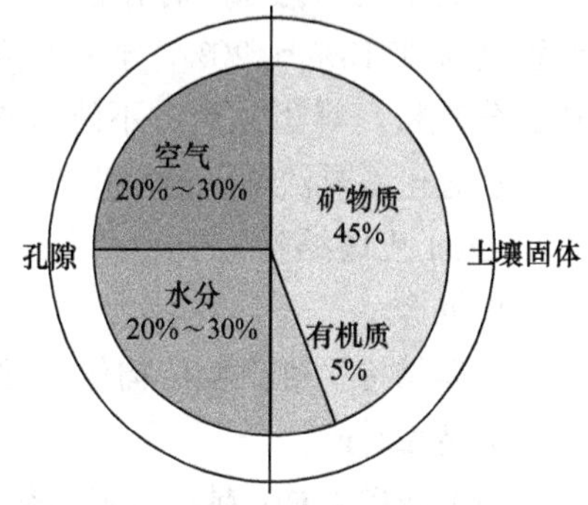

图6-53　理想土壤的成分体积比例

（一）土壤固相

1. 土壤质地

在土壤颗粒中大于1mm的是石砾，不算通常意义的土壤。粗细不同的土粒在土壤中占有不同的比例，就形成了不同的土质，称为土壤质地。砂土、壤土和黏土，就是根据粗细不同的土粒各占的百分比来决定的，土壤质地对土壤肥力有重要影响。

砂土（0.01～1.00mm）：含砂粒多，土质疏松，易于耕作，土粒间孔隙大，通气透水，但不能蓄水保肥。土温高，有机质分解迅速，不易积累，腐殖质含量低。园艺上常用作扦插苗床的介质，适合球根花卉和耐干旱的多肉植物生长。

黏土（<0.01mm）：含黏粒多，土质黏重，耕作困难，土粒间孔隙小，通气、透水差，但吸水，保肥力强。土温低，有机质分解缓慢。适合于南方的楮栲类、油茶、柳、桑等生长。

壤土：砂粒比例适中，不松不紧，既能通气透水，又能蓄水保肥，水、肥、气、热状况比较协调，是比较理想的土壤质地，适合大部分植物生长。

2. 有机质

有机质是由动植物的残体或动物排泄物形成，是一种有机凝胶状物质，是土壤肥力的指标。利于土壤结构优化，微生物活动，提高土壤蓄水保水能力，利于植物生长发育。

（二）土壤液相

稀薄的水溶液，存在于土壤孔隙。

（三）土壤气相

存在于土壤孔隙，相对大气，氧气含量减小，二氧化碳增多，湿度加大。

（四）土壤孔隙

1. 孔隙的类型分级

土壤学所说的直径是当量孔径，指与一定土壤水吸力相当的孔径，与孔隙的形状和均匀度 无关。

（1）非毛管孔隙（大）：孔隙直径大于0.02mm，水受重力作用自由向下流动，植物幼小的跟可在其中顺利伸展，气体、水分流动。

（2）毛管孔隙：孔隙直径在0.02～0.002mm之间，毛管力发挥作用，植物根毛（0.01）可伸入，同时可以保存水分，水分可以被植物利用。

（3）非活性毛管孔隙：小于0.002mm，即使细菌（0.001～0.05mm）也很难在其中居留，这种孔隙的持水力极大，水分移动的阻力很大，水分不能被植物利用（有效水分含量低）。

2. 适宜的土壤孔隙状况

土壤中大小孔隙同时存在，土壤总孔隙度在50%左右，而毛管孔隙在30%～40%，非毛管孔隙在10%～20%，非活性毛管孔隙很少，则比较理想；若总孔隙大于60%～70%，则过分疏松，难于立苗，不能保水；若非毛管孔隙小于10%，不能保证空气充足，通气性差，水分也很难流通（渗水性差）。

（五）土壤结构

1. 概念

土壤结构又称土壤结构体，指单粒互相胶结在一起形成的稳定团聚体。

2. 类型特点

（1）散砂结构：漏水漏肥、贫瘠易旱，水蚀严重。

（2）块状结构：漏风、跑墒、压苗、妨碍根系穿插。

（3）片状结构：通透性差、易滞水，扎根阻力大。

（4）团粒结构：良好的结构，团粒间大孔隙透气，团粒内小孔隙保水、保肥。大小孔隙合理。

二、土壤性质

（一）物理性质

土壤物理性质包括土壤质地、结构、孔隙性等，涉及土壤的坚实度、塑性、通透性、排水能力、蓄水能力、根系穿透的难易等，且这些性质互相关联。体现为以下方面。

（1）孔性：土壤孔隙大小、比例、种类差异而引起的土壤性质差异。

（2）耕性：耕作的难易程度，指土壤对机具的阻力大小。耕作后的土壤性状良好。

（3）热性：吸热、传热和保温的能力，与土壤含水量和疏松度有关。

（二）化学性质

1. 胶体性质

土壤胶体实际上是指直径在 1 ～ 1000nm 的土壤颗粒，它是土壤中最细微的部分，也是化学性质最活跃的部分。

（1）具有巨大的比表面，所以会产生巨大的表面能，吸附能力强。

（2）带电性，能进行阳离子交换吸附。形成供肥性，也决定了保肥性。

2. 酸碱性

酸碱性体现在 pH 上，是土壤的酸碱程度标志。土壤 pH 多在 4.5 ～ 8.5。大体分布是以中国长江为界，南酸北碱。不同的植物有酸碱喜好，土壤酸碱程度影响矿物质元素的吸收。

3. 缓冲性

土壤具有对酸碱变化的缓冲能力。

三、土壤的肥力

土壤的肥力是土壤为植物生长提供和协调营养条件和环境条件的能力。包括营养的充足性、全面性和持久性。

四、土壤的改良

（1）水利土壤改良，如建立农田排灌工程，调节地下水位，改善土壤水分状况，用于排除和防止沼泽地和盐碱化。

（2）工程土壤改良，如运用平整土地、兴修梯田、引洪漫淤等工程措施改良土壤条件，应用于土壤瘠薄或流失。

（3）生物土壤改良，用各种生物途径如种植绿肥、牧羊等增加土壤有机质，以提高土壤肥力。

（4）耕作土壤改良，改进耕作方法，改良土壤条件。

（5）化学土壤改良，如施用化肥和各种土壤改良剂等提高土壤肥力，改善土壤结构等。

五、“适地适树”的栽培原则

园林栽培生产并不是高附加值的生产，不要进行盲目、高成本的土壤改良。“适地适树”是指立地条件与树种特性相互适应，是选择造林树种的一项基本原则，也是园林生产的基本原则。植物的丰富性、地区性、顽强性，使我们有较大的选择性。

“适地适树”，基本有以下 4 条途径。

第一，是选择种树。包括以地选树，或按树选地。注意小气候的利用。

第二，是改地适树。该地某些方面不适合某树种植时，可通过人为措施（如进行深翻、换土，及日后养护管理等）来改造栽植地环境，创造条件满足其基本生态习性的要求，使其在原来不甚适应的地方进行生长。这是栽培上常用的方法。

第三，适地接树。即嫁接在适合该地生长的砧木上，如选用耐寒、抗旱、耐盐碱的砧木，以扩大种植范围。

第四，是适地改树。即通过引种驯化、育种等方法，改变树种某些特性，如经抗性育种等。

活动1　园林土壤的检测

【活动目标】

1. 能通过土壤性质，对园林土壤有所认知。
2. 能通过检测，了解自有园林土壤的性质。

【活动描述】

通过土壤检测，我们可以了解土壤的综合性质。这些性质是植物的生存条件，决定了植物的生长和品质。园林土壤检测过程如下：

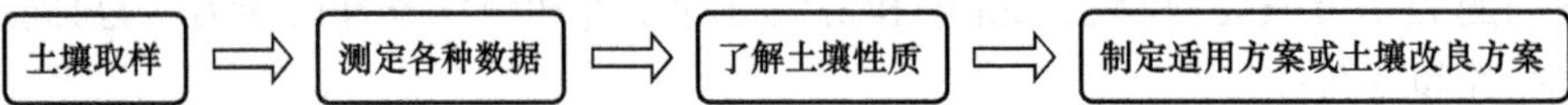

【活动内容】

一、土壤质地速测法（如图6-54、表6-7所示）

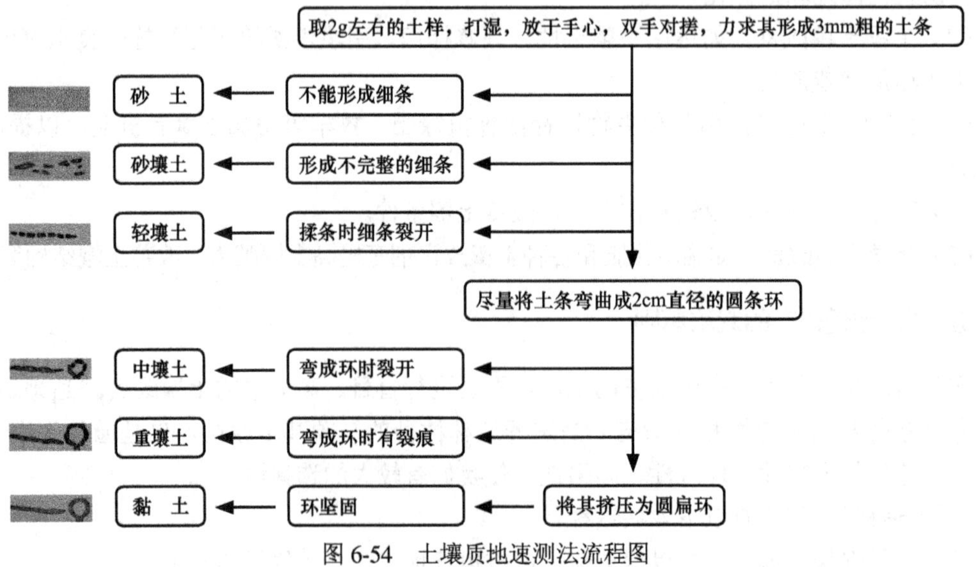

图6-54　土壤质地速测法流程图

表 6-7 土壤质地检测

土壤质地	捏搓时的感觉
砂土	不能搓成土条，并有粗糙的感觉
砂壤土	有粗糙的感觉，折条时土条易断，不能搓成完整的土条，断的土条外部不光滑
轻壤土	能搓成完整的土条，土条很光滑，弯曲成小圈时，土条自然断裂，有滑感
中壤土	揉搓时易粘附手指，能搓成完整的土条，土条光滑，但弯成小圈时土条外圈有细裂纹
重壤土	搓揉时有较强的粘附手指之感，能搓成完整的土条，弯成完整的小圈，但压扁后有裂纹
黏土	能搓成完整的土条，弯曲成完整的小圈，压扁小圈仍无裂纹

二、土壤墒情速测法

土壤墒情即土壤湿度，土壤中的水分含有率。在野外通常用手来判断土壤湿度，一般分为 4 级。

（1）湿：用手挤压时水能从土壤中流出。

（2）潮：放在手上留下湿的痕迹，可搓成土球或条，但无水流出。

（3）润：放在手上有凉润感觉，用手压稍留下印痕。

（4）干：放在手上无凉快感觉，黏土成为硬块。

三、土壤其他性质检测

土壤的其他重要性质，诸如有机质含量、酸碱度、矿质元素含量、污染程度等，其检测要么需要各种仪器，要么需要借助实验室设备及一些药品，检测难度虽然不大，但需要一定的资金投入。

土壤性质较为稳定，变化性小，不需要多次检测。一般普通的苗圃、绿化单位等不需要专门配备这些设备或药品，可请专业检测机构代为检测并提供数据。根据数据和理想土壤的数据的差异，我们可以有的放矢地改良土壤，或选择适合这类土壤的植物进行“适地适树”的栽植。

任务训练与评价

【任务训练】

以小组为单位，对老师提供的土壤样品进行检测。

1. 学会土壤质地、墒情和 pH 的检测方法。
2. 能准确地判断土壤样品的各种性质。

【任务评价】

根据表 6-8 中的评价标准，进行小组评价。

表 6-8 任务评价表

项目	优良	合格	不合格	小组互评	教师评价
检测方法	步骤正确，能准确地完成检测任务	能独立完成土壤基本性质的检测任务	未能完成检测任务		
检测结果	检测结果正确率高，能准确说出不同性质土壤的差别	检测结果正确率较高	检测结果与土壤样品性质不符，错误率高		

活动2 园林土壤的改良

【活动目标】

1. 能分析不同园林土壤的适用性或改良方法。
2. 能“适地适树”地栽培、生产园林树木。

【活动描述】

土壤是自然界园林植物生长的必备条件，不但能为根系提供附着，为植物生长提供矿质元素，还能对其他生存条件（光、热、水、气、肥）进行再分配，通过物理和化学方法和园艺措施，可以使土壤最适合于特定类型植物或大部分植物的生长。园林土壤认知过程如下：

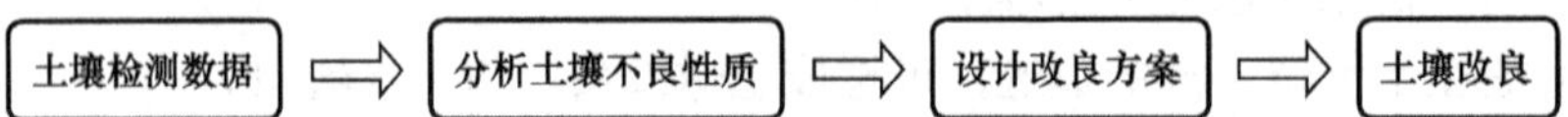

【活动内容】

一、土壤质地的改良

通过砂土掺粘土，粘土掺砂土，增施有机肥等措施，可以改良土壤质地。

二、土壤盐碱度的改良

盐碱土壤主要通过埋设排水管，利用雨水冲刷、溶解表土盐分，并通过水管排出的方式来进行改良。

三、土壤 pH 的改良

酸性土壤可以通过施用石灰的方式，中和酸性；碱性土壤可以通过施用石膏、磷石膏或硫磺等方式，中和碱性。

四、土壤有机质的增加

种植豆科绿肥植物或增施腐殖质、丰富的有机肥，都可以迅速增加土壤的有机质。

五、土壤透气性的改良

土壤耕作、打孔等机械措施，仍然是改良通气性的方法。当然也可以通过掺砂来彻底改变土壤透气性。简单地说，增施有机肥，适当耕作是通用的土壤改良方法，而且这种方法比较廉价、有效。当资金充足，可以采用工程性质的客土、平整、垫厚等措施改良土壤；一般采用施用化肥和各种土壤改良剂等提高土壤肥力，改善土壤结构等。如果土质太差，还可以进行容器栽植。

任务训练与评价

【任务训练】

以小组为单位，完成土壤认识工作并根据土壤问题，制定改土计划。

1. 土壤质地、pH 等多种指标的测定。

2. 根据检测结果，分析土壤的优劣，对其不良性质提出改良方案。

【任务评价】

根据表 6-9 中的评价要求，进行小组评价。

表 6-9　任务评价表

项目	优良	合格	不合格	小组互评	教师评价
土壤性质分析	方法选择正确，分析准确	能了解土壤的基本性质	土壤性质分析错误		
土壤改良计划	改良计划可行，针对性强	改良计划基本可行	改良计划缺乏可行性，甚至对土壤有破坏性或污染性		
土壤改良效果	成本低，效果较好	对土壤有一定的改良效果	改良效果差		

任务6.4 园林植物的施肥

【任务目标】1. 能根据不同植物习性、观赏目的、不同生长周期，提供各种性质的肥料元素种类和配比。
2. 会选择相应的施肥方法和时间，通过适当的施肥技术满足植物生长所需营养。
3. 会控制施肥的总量，并在植物生长的不同时期合理地分配。
4. 通过科学配方施肥，减少环境富营养化，进行环保教育。

【任务分析】1. 不同的植物、不同的生长时期、不同的观赏目的，所需要的矿质元素种类和比例有所差异，我们首先应该搞清楚使用肥料的类型和需要提供的矿质元素种类。
2. 不同的施肥方法在不同的时期进行，满足植物生长的各个时期所必需的营养元素。
3. 施肥量的大小决定营养元素是否充足，同时要减少环境的富营养化，保护环境，节约成本。

【任务描述】长期耕作的土壤和有限的盆土往往没有充足的养分供给密集生长的园林植物，而且在城市园林中也缺乏良好的养分自然循环，因此在适当的时间、采用适当的方法，为不同类型的植物提供特定种类，一定量的肥料，既能保证植物的正常生长，又具有节约与环保的意义。

相关知识：肥料的种类、施肥方法及施肥量

一、植物生长所必需的营养元素

1. 必需元素

在植物整个生长期内所必需的营养元素是16种，有碳（C）、氢（H）、氧（O）、氮（N）、磷（P）、钾（K）、钙（Ca）、镁（Mg）、硫（S）、铁（Fe）、锰（Mn）、锌（Zn）、铜（Cu）、钼（Mo）、硼（B）、氯（Cl）。碳（C）、氢（H）、氧（O）来自于水和空气（二氧化碳和氧气），以分子的形态，通过叶、根吸收。

2. 矿质元素

矿质元素以溶解于水的离子形态，通过根系从土壤中吸收。其中大部分矿质元素土壤都有，不是每一种都需要补充，我们主要施用土壤中不足的，如氮（N）、磷（P）、钾（K）这3种元素植物需要量大，施用量大，称为“肥料三要素”。

3. 微量营养元素

铁（Fe）、锰（Mn）、锌（Zn）、铜（Cu）、钼（Mo）、硼（B）、氯（Cl），植物需要量少，在土壤中含量也不大，相对植物根系接触并吸收的几率也小，可适当适时地通过直接接触植物的施肥方式供给。

植物生长所必需的营养元素分类如图6-55所示。

必需元素
- 非矿质元素：以分子态吸收（水、二氧化碳和氧气）碳（C）、氢（H）、氧（O）
- 矿质元素
  - 大量元素：氮（N）、磷（P）、钾（K）——“肥料三要素”
  - 中量元素：钙（Ca）、镁（Mg）、硫（S）
  - 微量元素：铁（Fe）、锰（Mn）、锌（Zn）、铜（Cu）、钼（Mo）、硼（B）、氯（Cl）

图 6-55　植物生长所必需的营养元素分类

注：铁（Fe）的需求量趋于中等，也可分属于中量元素。

二、施肥的方法

1. 基肥

基肥，又称底肥，是在播种或移植前施用的肥料。作基肥施用的肥料大多是迟效性的肥料。有机肥中厩肥、堆肥、家畜粪等是最常用的基肥。化学肥料中的铵态氮肥、磷肥和钾肥也可作基肥施用。施用基肥的深度通常在耕作层。地栽植物的基肥施用一般在休眠期进行，以沟施（如图 6-56 所示）、穴施为主。

养分需要量极大的园林果树常用的方法是环状沟施法（如图 6-57 所示）或放射性沟施法（如图 6-58 所示）。

图 6-56　沟施

图 6-57　环状沟施

图 6-58　放射性沟施

2. 追肥

追肥是指在作物生长过程中加施的肥料，以速效肥为主。追肥在生长期以撒施（如图 6-59 所示）和随水施（如图 6-60 所示）为主。追肥主要是为了供应作物某个时期对养分的大量需要，或者补充基肥的不足。化肥和腐熟有机肥的浸泡液可以作追肥。追肥施用的特点是比较灵活，要根据作物生长的不同时期所表现出来的元素缺乏症，对症追肥。

3. 根外追肥

通过地上部分为植物提供养分的方法，又称叶面施肥，是将水溶性肥料的低浓度溶液喷洒在生长中的作物叶上的一种施肥方法。也可以采用输液、注射等其他措施。一般只用化肥。生长旺期也可以进行根外喷施（如图 6-61 所示）。

图 6-59　撒施

图 6-60　随水施肥

图 6-61　根外喷施

图6-62　种子包衣

4. 种肥

种肥是指播种时施下或与种子拌混、浸泡种子的肥料，方便植物吸收，早期生长可以运用。种肥的作用主要是供给幼苗对养分的需要。现在多采用包衣的方法（如图6-62所示）。

三、施肥的时期

植物在不同生长时期需要的营养元素的种类和含量是不同的，部分时期会出现土壤供应不足的情况，在临界期前应及时补充。

植物营养生长期、生殖期都需要施肥。一般营养生长期以氮肥为主，生殖期以磷钾肥为主。施肥的时机以基质稍干燥、生长旺盛期为最好，此时施肥吸收率高，且需求量也大。植物施肥应该按生育期提前施用补充肥料，不能在植物缺少营养时才追施，否则就脱节了。一天中，施肥应以上午为宜，并且施肥后浇一遍透水，利于肥料的稀释分解和植株的吸收。

四、肥料的性质及利用特点

（1）时效性：缓效肥，如大部分有机肥、磷肥应该做基肥，提前施用；速效肥，作追肥，应及时施用。

（2）酸碱性：酸性土植物不能长期施碱性肥料，反之亦然。

（3）物理及化学特性：易挥发的不能浅施（如铵态氮肥），易流失的不能用于雨水充足的环境（如硝态氮肥），容易被土壤固定的应该集中施用（如磷肥）。像微量元素肥，含量少，又容易被固定的，应该采用浸种、包衣、蘸根、根外喷施等直接接触植物的方法。

（4）植物的喜恶：喜硫植物包括烟草、薯芋类、果类、甜菜、茶、十字花科、葱蒜类；忌氯植物包括烟草、马铃薯、甘蔗、西瓜、葡萄、柑橘、甜菜、苹果、茶叶、辣椒、莴笋、白菜、草莓、苋菜等。大多数种子发芽、幼苗生长对氯离子敏感。

五、园林植物施肥总量

根据花卉生长发育的不同时期对肥料的需要量，合理地进行施肥，即配方施肥法。施肥量一般根据土壤（或基质）的供肥能力，补充花卉所需之不足。花卉施肥量常按下列公式计算：

$$A=(B-C)/D$$

式中：A——某种元素的施用量（kg）；

B——某种花卉的需肥量（kg）；

C——花卉从土壤或基质中吸收的肥量（kg）；

D——肥料利用率（%）。

一般花卉无机肥料的利用率氮为45%～60%，一般按50%计算；磷为10%～25%；钾为50%。堆肥的利用率：氮为20%～30%；磷为10%～15%；钾为40%～45%。根据花卉体内养分的含量以及肥料的利用率可估算出施肥量。例如，植物的鲜重为100g，10%是干物重。其中氮、磷、钾的含量分别为4%、0.5%、2%，即各为0.4g、0.05g、0.2g。由于

施入土壤中的肥料，一部分因灌水而损失，另外一部分被土壤固定而残留于土壤中，因此，肥料中的养分不能被植物全部吸收。假设植株对肥料的利用率分别为20%、10%、20%，则应该施入土壤中的氮、磷、钾的量分别为2g、0.5g和1g。把这些值换算成相应的化学肥料，即硫铵10g、过磷酸钙2.5g、硫酸钾1.7g，这些肥料可在生育期间分期施用。

通过以上简单的计算，可以大概得知，盆栽土壤各种肥料的成分以每升土施用0.1～0.5g为合适。

（1）每升土施用0.1～0.5g，指的是施用化肥总量，包含基肥农家肥所含矿物元素，折算而得。

（2）作基肥施入土中和作为追肥在生育期间分期施用。肥料每次的施用量，随施肥的次数而变。应提倡“薄肥勤施”的原则，切忌施浓肥。因为浓肥会使土壤溶液渗透压增高，影响植物对水分的吸收，同时土壤溶液中个别离子含量过高时，会发生离子间的拮抗作用，阻碍了所需离子的吸收，重者会造成植物死亡。

（3）根据花卉生长量、喜肥程度、土壤肥力、土壤保肥性、观赏目的差别较大。

活动1　园林植物肥料的选择

【活动目标】

能根据园林植物的种类、习性、生长时期、观赏目的，选择适当的肥料。

【活动描述】

肥料为园林植物生长提供各种矿质元素，一般根据植物生长所需有目的地提供。选择园林植物肥料的工作流程如下：

选择肥料类型 ⇒ 选择肥料的元素种类 ⇒ 选择肥料的具体种类

【活动内容】

一、选择肥料的类型

1. 有机肥

有机肥（如图6-63所示）含有丰富的有机质，需经过土壤微生物慢慢的分解，才能被植物利用。有机肥因含有氮、磷、钾三要素以及其他元素和各种微量元素，所以叫完全肥料，但含量低。长期施用有机肥利于土壤的结构优化和长期耕作。城市园林绿化中，在培养土配制和基肥中运用较多。

（1）粪尿、厩肥、堆肥、饼肥、绿肥以及各种土杂肥：主要由动物粪便、动植物残体发酵形成。其营养元素种类丰富，但含量低。长期施用利于土壤结构优化和肥力提高。

图6-63　有机肥

主要以基肥翻施入土中或混入培养土中为施用方法，其浸出液也可以作追肥。多为全素肥，但含量低，为迟效性肥料。

（2）草木灰：钾肥为主。

（3）骨粉：磷、钙为主。

2. 化肥

肥料成分单一，但含肥比例高，是工业产品，主要成分能溶于水，容易被植物吸收。但长期施用易形成土壤板结，而且造成环境富营养化。城市园林绿化中，运用较广。化肥种类很多，有较大的选择余地。

（1）氮肥（如图 6-64 所示）：氮肥分铵态氮、硝态氮、尿素三大类。铵态氮：易分解产生氨，溶解度高，且带正电的铵离子易被土壤所吸附形成长效性氮肥，可作种肥、追肥、基肥，注意深施。硝态氮：溶解度极高，易流失，易吸湿结块，易燃，易分解，不耐储藏，故多作追肥，不能施于水田和多雨的地方。尿素：含氮极高，溶解度高，易吸收，是最好的氮肥，可作追肥、基肥，但不能作种肥。

（2）磷肥（如图 6-65 所示）：磷肥不能完全溶解，可作基肥、追肥，但由于植物需磷肥临界期早，故多作基肥使用。由于易被土壤固定，并易溶于弱酸性物质，故应早施，集中施，配合施。常用过磷酸钙、重过磷酸钙。

（3）钾肥：主要为氯化钾（如图 6-66 所示），含钾多，多作基肥和追肥，但不能用于种肥和忌氯作物，可用草木灰或硫酸钾代替。

图 6-64　氮肥

图 6-65　磷肥

图 6-66　钾肥

（4）铁肥：主要为硫酸亚铁，人称矾肥水（如图 6-67 所示），多以根外追肥施用，减少土壤固定。

（5）微量元素肥：需要量少，但不可缺少。多以直接接触植物的方式供给，如蘸根、浸种、包衣、根外施肥等。

3. 混合肥料

混合肥料（如图6-68所示）是多种肥料按一定比例混合，即复合肥。可以针对某一类植物，甚至某一种植物、某一时期配制施用。为了防止吸湿、分层、反应，多添加秸秆类有机物和黏合剂均匀制成颗粒状。

硫酸亚铁

图6-67　矾肥

复合肥

复合颗粒肥

图6-68　复合肥

4. 微生物肥料

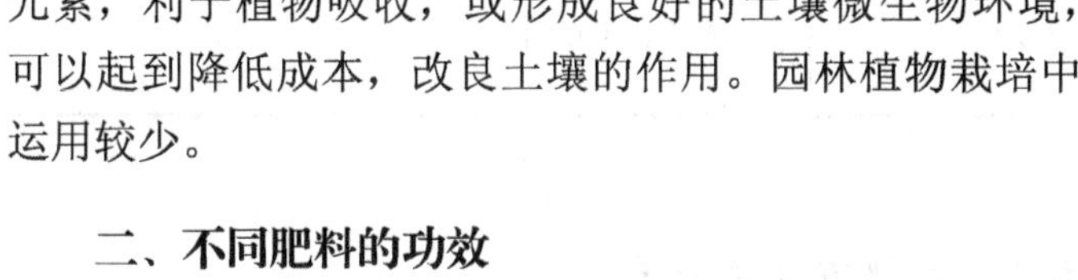

微生物肥料（如图6-69所示）是指不含任何矿物元素，但可以帮助植物吸收养分，或帮助分解土壤中矿物元素，利于植物吸收，或形成良好的土壤微生物环境，可以起到降低成本，改良土壤的作用。园林植物栽培中运用较少。

微生物肥

图6-69　微生物肥

二、不同肥料的功效

（1）氮肥主要促进植物的营养生长；磷肥促使根系和地上部加快生长，促进花芽分化，提早成熟，提高果实品质；钾肥促进作物体内淀粉和糖的形成，增强作物的抗逆性和抗病能力。

（2）微量元素肥料主要有硼、锰、锌、铜、钼等。植物对其需要量虽少，但却是不可缺少的。在某些缺乏微量元素的土壤上施用相应的微量元素肥料，有显著的增产作用。

任务训练与评价

【任务训练】

以小组为单位，分数次在植物的不同生长时期设计不同植物的施肥方案。

1. 为了提高种子的发芽率和苗木的健壮，在一串红播种时，用少量硫酸铵和氯化钾作种肥浸种是否可行？

2. 五色草以观叶为主，在其苗期生长的旺期，宜施用什么为主的肥料？

3. 马蹄莲喜湿，生长在水池边，在施用氮肥时应该选择哪些肥料？

4. 有人说：“为了保持城市的生态环境，应该要求城市绿化只能用有机肥，不能用化肥。”你如何看待这一观点？

5. 我们很少施用钙、镁、硫肥，为什么？

6. 你认为“微量元素植物需要量微小，功能也微弱，植物栽培过程中可施可不施”这句话是否正确？

7. “复合肥是多种肥料混合形成的，含有丰富的氮、磷、钾和维生素，能满足每一种园林植物的生长”，这句话是否正确？

【任务评价】

根据表 6-10 中的评价标准，进行小组评价。

表 6-10　任务评价表

项目	优良	合格	不合格	小组互评	教师评价
参与度	积极参与，认真查阅资料，认真回答问题	参与和回答问题较积极	有未完成作业和缺席情况		
正确率	正确率80%以上	正确率70%以上	正确率小于70%		
反馈	反馈及时	反馈较及时	不配合，无反馈		

活动 2　施肥方法的选择

【活动目标】

1. 能选择适当的肥料种类，在适当的时期对相应的园林植物进行肥料的补充。
2. 能配制基肥、种肥、追肥、根外追肥。
3. 能完成基肥、种肥、追肥、根外追肥的施用。

【活动描述】

根据植物的生长时期，恰当地配制和施用肥料，满足植物的生长所需。施肥的工作流程如下：

【活动内容】

一、土壤施肥的技术

（1）“撒”：作物浇完水后或雨后，趁畦土墒情适宜，在田间操作不方便，作物需肥又较急的情况下选用。用于不容易挥发的肥料，用于施追肥。

（2）“埋”：在作物株间、行间开沟挖坑，将定量化肥施入，再埋上土，打孔式施肥器（如图6-70所示）能直接将肥料施入植物根部。这种方法肥分浪费少，最经济，但劳动量大、费工。为防止产生负效应，埋施后一定要浇水，使埋肥浓度降低。用于施基肥和磷肥。

（3）“滴”：结合滴灌，肥料几乎不挥发、无损失，因而既安全，又省工省力，效果很好。但要滴灌设施，投入大。用于施追肥。

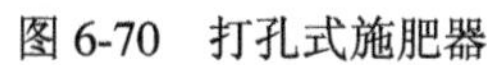

图6-70　打孔式施肥器

图6-71　注施

（4）“喷”：即叶面喷肥。多次进行根外追肥、及时追肥外，可以结合喷药防治病虫害。这种方法肥料用量少，肥效快，还可避免肥分被土壤固定，是一种经济有效的施肥方法，是一种很好的辅助措施。用于施追肥。

（5）“注”：用于大树移植、古树名木或桩头急救，一般为全营养素加上植物激素（生长调节剂）、维生素等（如图6-71所示）。用于急救等特殊时期，高附加值，高成本植物。

二、根外施肥的技术要点

（1）根外追肥可以与病虫害防治或化学除草相结合，药、肥混用，但混合不致产生沉淀时才可混用，否则会影响肥效或药效。

（2）施用效果取决于多种环境因素，特别是气候、风速和溶液持留在叶面的时间。因此，根外追肥应在天气晴朗、无风的下午或傍晚进行。

（3）根外追肥的浓度一般较低，每次的吸收量是较少的，因此需连续喷洒2次以上。

（4）特别适合微量元素、激素和植物缺素症施用。

（5）叶背及嫩茎部分等多施，角质层较薄的部分更利吸收。

（6）可以加少量表面活性剂，增加附着能力，如洗衣粉。

任务训练与评价

【任务训练】

1. 根外施肥的练习。

2. 以小组为单位，分区域、分类型，在特定的季节，选取不同的方法对校园内各种植物进行追肥。

【任务评价】

根据表6-11中的评价标准，进行小组评价。

表 6-11　任务评价表

项目	优良	合格	不合格	小组互评	教师评价
施肥方法	方法选择正确，适合肥料特性和植物习性	选择的方法能保证植物养分供给	方法不适合植物吸收		
施肥技术	采用措施能帮助植物吸收，减少养分流失	采用的技术合理	有浪费和损失现象		
施肥工效	方便快捷，植物利于吸收	能完成施肥任务	效率低下		

活动 3　施肥量的控制

【活动目标】

1. 能根据施肥方法，配制不同浓度的肥料。
2. 能根据植物习性，施用不同量的肥料。
3. 能根据植物的生育期，运用不同的施肥方法，分配和控制肥料的总量。
4. 能按植物需要肥料量的比例，配合多种肥料施用。

【活动描述】

充足的肥料是保证植物旺盛生长的条件，但肥料过多会造成浪费和成本的增加，更严重的是造成环境的富营养化而影响生态。控制施肥量的工作流程如下：

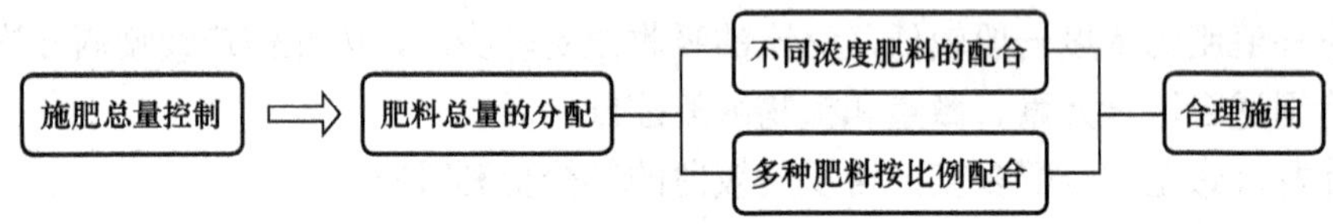

【活动内容】

一、施肥量的分配

（1）基肥为主，占总量的 6 ～ 7 成。以农家肥为主。磷肥生理临界期早，在基肥中比例稍高，钾肥易流失，比例稍低。其中种肥用量可以算在基肥类。盆栽培养土肥料类总重量为培养土的 10% 以下。

（2）追肥占 3 ～ 4 成。以化肥为主，也可以用腐熟农家肥的浸出液，贯彻“薄肥勤施”的原则，切忌施浓肥。浓度 1% ～ 3% 为宜。

（3）根外追肥在生长高峰期，或临界期，或花期促果时使用，同时用于微量元素、元素缺乏症的补足。其浓度极低，为 0.1% ～ 0.3% 的液肥。微量元素叶肥浓度更低，如硼肥喷施浓度为 0.1% ～ 0.25%，锌肥喷施浓度为 0.05% ～ 0.2%，钼肥喷施浓度为 0.02% ～ 0.05%，铁肥喷施浓度为 0.2% ～ 0.5%，锰肥喷施浓度为 0.05% ～ 0.1%。

二、肥料中各种元素的配比

市场中复合肥的配比：$N:P_2O_5:K_2O=15:15:15$，有效成分为 25% ～ 45%。

（1）根据植物的习性，配比肥料种类。月季、菊花喜肥，可施稍高浓度的肥料；牡丹、兰花必须施低浓度肥料。酸性土容易缺铁，施矾肥水；观果的花期喷硼利结果等。

（2）根据观赏目的，配元素种类。观叶植物：需要氮多，磷钾少，$N:P_2O_5:K_2O=2:1:1$；观花植物：$N:P_2O_5:K_2O$ 平均比例为 4:3:2；观果植物：增加磷肥、硼肥、微肥等，$N:P_2O_5:K_2O=2:4:3$。

（3）酸碱度调节：调整为植物所要求的 pH。

三、肥料的配合施用

1. 配合的原则

（1）肥料混合后，养分不受损失。肥料在混合过程中或混合后的贮存、施用过程中，因各种肥料的组成不同，有些肥料混合后会发生一系列化学反应，造成养分的损失或养分有效性下降。属于此种情况的肥料相互之间不能混合。

（2）肥料混合后，其物理性状良好。有些肥料混合后，虽不会发生化学变化，但会导致物理性状的改变，使混合过程和施肥过程发生困难。

（3）肥料混合后，应有利于提高肥效和施肥功效。肥料混合得当既可提高肥料的肥效，又可提高施肥功效，减少施肥次数。

（4）掺混肥料，各原料肥料的合理粒径要基本相近，避免运输使用过程中，隔离分层，养分分布不均匀。

（5）化学肥料不能过多地与微生物肥料混合。

2. 肥料配合实例

（1）应该配合施用的肥料。氮、磷、钾应该按比例配合施用；磷肥和酸性有机肥配合施用；有机肥和化肥配合施用；氯化钾适合与碱性肥料配合使用。

（2）不宜配合使用的肥料。铵态氮肥不能与碱性肥料如草木灰、窑灰钾肥、石灰等混合，否则会导致氮素损失。水溶性磷肥不能与石灰、草木灰、窑灰钾肥等碱性肥料混合，以免导致水溶性磷转化成难溶性磷，使磷的有效性降低。硝态氮肥不能与酸性肥料如过磷酸钙等混合，以免引起硝态氮分解逸出氧化氮，引起氮素损失。

任务训练与评价

【任务训练】

一、配制一定浓度的液体肥料（农药、激素、营养液）：一般盆栽、地植花卉化肥施用浓度不要求过分精确，根据植物喜肥、耐肥习性，根外追肥化肥浓度 0.2%～0.5%，微肥浓度为 0.1%～0.2%；土壤施肥浓度 2% ～ 3%。但商业水培、农药和激素浓度的配制精确度要求较高，一定要准确、标准配制。

1. 计算：根据浓度要求，及配制的总溶量及肥料纯净度，计算出所需各种肥料量。

2. 称量：用天平等称量工具分别称量各种肥料。

3. 溶解：分别用少量温水溶解各种肥料（部分激素用酒精溶解）。
4. 转移：将溶有各种肥料的溶液加入计划配制总量80%的水中。
5. 洗涤：再用少量清水清洗各个容器，将残留的肥料清洗溶解于容器中。
6. 定容：加水到计划配制量。
7. 搅拌：用玻璃棒搅拌。

二、训练：以小组为单位，训练以下内容，训练过程中做好记录与相互评价。

1. 利用盆花培养土配制练习基肥的施用。
2. 根据季节安排肥料施用方法、种类，再确定浓度范围。

【任务评价】

根据表6-12中的评价标准，进行小组评价。

表6-12　任务评价表

项目	优良	合格	不合格	小组互评	教师评价
肥料浓度配比	准确计算，精量称取，科学配比	浓度范围在合理范围之内	肥料过浓，对苗木有伤害		
肥料种类配合	配合后能提高吸收率或肥效	配合后营养无损失	配合后肥料发生反应，养分有损失		
肥料施用	时间及时，方法正确	在规定时间内完成	时间过长，引起肥料出现沉淀或其他非正常情况		

知识拓展

长效肥料

长效肥是指溶解度低或养分释放缓慢、肥效持久的一类化学肥料，又称缓效肥。以长效氮肥居多。

与普通化学肥料相比，长效肥在施用上的特点：一是多用作基肥，施用一次可满足作物整个生长期对营养的要求而无需追肥，既可节省劳力又可解决作物生长后期追肥不便的困难；二是在施用量过大时，不易使作物发生烧苗、徒长、倒伏等现象。但长效肥生产成本较高，售价昂贵，推广应用受到一定限制。

长效肥的上述特点是由其特定的化学组成和物理状态决定的。

根据生产工艺和农化性质，长效肥料可分为缓溶性肥料、缓释性肥料和长效肥料三大类型。

（1）缓溶性肥料　通过化学合成的方法，降低肥料的溶解度，以达到长效的目的，这类肥料包括脲甲醛、脲乙醛、异丁叉二脲、草酰胺磷酸镁铵、聚磷酸盐和偏磷酸钾等。

（2）缓释性肥料　在水溶性颗粒肥外面包上一层半透性或难溶性膜，使养分通过这一层膜缓慢地释放出来，以达到长效目的。

（3）长效碳酸氢铵及长效复合尿素　碳酸氢铵是我国独有的氮肥品种，其氮肥生产量每年约5000万t，占我国氮肥生产总量的一半。碳酸氢铵的优点是生产工艺简单，肥效快，含有二氧化碳，不板结土壤；无副作用，但碳酸氢铵氮素利用率低，肥效期短，易挥发损失，不易贮存，不易远途运输。针对碳酸氢

铵的缺点我们在碳酸氢铵生产过程中加入一种氨稳定剂（DCD），DCD与碳酸氢铵形成一种共结晶体，从而改变了碳酸氢铵的气候缺点。与普通碳酸氢铵对比，长效碳酸氢铵肥效期从35天延长到100天；氮素利用率从25%增加到35%，提高10个百分点；在同等施肥量水平条件下可增产13%以上；在相同产量条件下可节省用肥20%~30%；且不结硬块，给使用带来方便。我国从20世纪80年代开始研究复合长效尿素。目前，通过复合添加剂所生产的长效尿素的氮素利用率比普通尿素可提高10个百分点；肥效期可延至120天左右，基本上可满足一季作物的全生育期的用肥需要，可作基肥一次性施入，免去追肥工序；在同等施肥量的水平下，可使作物增产10%以上；在相同产量的下，可节肥25%左右；复合长效尿素是生产各种复混肥的理想氮源，也是生产各种专用肥的首选肥种。

任务6.5 园林植物的中耕除草

【任务目标】1. 能及时适法地进行中耕松土，满足植物的生长要求。
2. 能选择高效、低成本、少危害的方法清除杂草。
3. 在除草剂的使用方法和使用种类的问题上，对学生加强安全及环保教育。

【任务分析】1. 长期的雨水冲刷、人为的践踏容易形成土壤板结，阻碍空气和养分的渗入，影响植物根系生长，应及时松土。
2. 杂草是植物养分和生长空间的掠夺者，影响植物的生长和观赏性。应采用各种方法及时除去。

【任务描述】植物在生长过程中往往面临杂草生长的竞争，同时，又有土壤板结的困扰，在植物生长中期形成阻碍植物生长的因素。因此，采用一定的措施进行中耕松土和除去杂草是园林植物栽培养护的一项重要工作。

相关知识：中耕与除草

一、植物生长良好所要求的土壤条件

（1）土壤质地：壤土为好，疏松、腐殖质丰富。
（2）土壤结构：团粒为好，上松下紧，保水透气。
（3）土壤酸碱性：适合植物，微酸性为宜。

二、中耕的方法及达到的目的

（1）中耕可以起到改善土壤水分状况，在土壤湿度较低的情况下，减少毛管水分散失的作用，达到保墒的目的；在雨水多、土壤湿度过大时，中耕可促进土壤水分蒸发。可用于中耕的工具较多（如图6-72所示）。

图6-72 多种工具在中耕中的使用

（2）中耕可以改善土壤通气状况，通过中耕打破板结土层，增加土壤孔隙度，促进土

壤空气交换。

（3）中耕可以改善土壤养分的供应状况，通过中耕调节土壤空气中氧气含量，提高表土层地温，提高好气性微生物的活性，促进铵态氮的硝化及其他养分的矿化分解，促进土壤速效养分的释放。

（4）中耕可以铲除杂草。中耕除草有助于协调大田生育期间植物与环境各因素之间的关系，使植株向着有利于优质适产的方向发展。

三、除草的原则要求

除草的原则要求是"除小、除早、除了"。

所谓"除小"，是指在杂草幼苗时期即将其除去，减少其生长消耗土壤养分。

所谓"除早"，是指在园林植物生长初期，抵抗能力和吸收能力较弱的时候，就应除去杂草，减少杂草对园林植物幼苗的伤害。

所谓"除了"，是指在除草时要"斩草除根"，防止杂草短时间内"死灰复燃"。

四、除草的时期

（1）植前刺激萌发并除去：有意在苗木栽种之前对苗床施以少量肥水，刺激杂草种子萌发，再将其除去，可以大量减少当季杂草。

（2）植前除草整地：在苗木栽种之前，结合翻耕除去田间杂草。

（3）中耕除草：在植物生长过程中，对陆续生长的杂草除去的方法。

五、化学除草原理

化学除草剂根据其原理分为利用化学药剂的内吸杀死、接触杀死及同时具有内吸和触杀功能三大类。

（1）利用植物对除草剂的形态选择性来进行化学除草。

（2）根据农作物与杂草的抗药性不同，选择某种除草剂清除杂草，而作物不受药害。

（3）根据农作物与杂草发生时间的不同，适时进行化学除草。

活动1　中耕及签盆

【活动目标】

1. 能在植物生长过程中，对盆土进行耕作，除去杂草，以利透气和植物生长。

2. 能理解中耕的技术要求和除草的原则。

【活动描述】

中耕既指的是在植物生长过程中进行的耕作，同时也指耕作的深度为中等，约为10cm；除草可消灭植物的竞争者，虽然技术含量不高，但对于植物的生长非常重要。中耕及签盆工作流程如下：

拔草 ⇨ 中耕松土 ⇨ 除去草根 ⇨ 细碎表土

【活动内容】

一、中耕技术要点

所谓“中耕”指的是植物在生长过程中进行的耕作，也指耕作的深度中等。

1. 中耕的深度

中耕的深度一般在 5 ～ 10cm，疏松表土，也可能切断植物的部分浅根。

2. 除草

在疏松表土增加透气的同时，还必须把杂草除干净，减少杂草生长对土壤养分的掠夺。

3. 碎土

中耕要求挖松板结的表土，并将土块细碎至 5cm 以下。

4. 结合施肥

施肥前，中耕可利于肥料的下渗，减少肥料损失。

5. 细节

中耕时，一定要小心保护苗木（如图 6-73 所示 ）。

图 6-73　幼苗保护

二、盆花的签盆

签盆也称之为扦盆，即利用竹签或花锹签松表土，去除杂草，并适当切断粗根的方法（如图 6-74 所示）。签盆的作用为：增加土壤透气性，防止土壤板结；去除杂草，减少养分掠夺；刺激须根萌发，增加吸收能力。一般施肥前必须进行，生长期视盆土情况，定期进行。

图 6-74　签盆

任务训练与评价

【任务训练】

以小组为单位，在进行园林植物栽培过程中，在植物的生长期观察土壤板结和杂草生长情况，结合浇水施肥工作，安排中耕或盆栽签盆，注意技术规范。

【任务评价】

根据表 6-13 中的评价标准，进行小组评价。

表 6-13　任务评价表

项目	优良	合格	不合格	小组互评	教师评价
时间选择	有计划、周期性、及时进行中耕松土	在杂草生长和土壤板结危及植物生长前及时中耕	杂草已对苗木生长形成竞争，土壤板结，影响养分及水分渗入		

续表

项目	优良	合格	不合格	小组互评	教师评价
技术规范	深度适中、除草彻底、碎土适合、未伤及苗木	能除去苗间杂草，疏松苗间土壤	操作不规范，伤及苗木		
中耕效果	能创造较好的土壤条件，未伤及苗木	疏松土壤，杂草较少	土团过大，杂草清除不完全		

活动2　除　草

【活动目标】

1. 能按照除草的原则，安全高效地人工或机械除草。
2. 能合理安全的使用除草剂除草。
3. 能采用多种措施，减少园林杂草。

【活动描述】

杂草影响园林景观，危害植物生长，应采用经济、安全、高效的方法除去杂草。除草的工作流程（除草剂除草）如下：

【活动内容】

一、除草的方法

（1）人力去除。组织人工，利用工具，将杂草逐一连根拔除，带根铲除、绞杀。

（2）化学除草。利用杂草和园林植物的生理差异、生长周期差异，运用化学除草剂喷洒，消灭杂草。

（3）机械除草。还可以利用机械工具，将杂草进行翻埋和绞杀，一般用于植物栽种前除草，或除去行间杂草。

二、减少田间杂草的方法

覆盖法在减少杂草方面可以起到很好的作用。地栽植物覆盖枯叶及秸杆，可减少杂草，同时可以增加土壤肥力（如图6-75所示）。根盘部分覆盖桔木屑可兼顾防杂草和保持乔木根系透气的作用；薄膜覆盖（如图6-76所示），在减少杂草的同时，还可增温。

地栽乔木或果树间，可人为栽植绿肥类杂草，控制野草，肥沃土壤。

盆栽花卉也可通过覆盖种植青苔的方式减少杂草危害。

图 6-75　枯叶及秸秆覆盖

图 6-76　薄膜覆盖

三、化学除草方法及技术

化学除草时要注意安全性及环保性。使用除草剂之前，首先要认真阅读说明书，并查阅其施用禁忌，特别注意除草地周围园林植物是否对该除草剂敏感；施用时，浓度要准确配制；喷洒时，注意喷洒部位；喷洒人员要戴上口罩，做好自我防护，见表 6-14 所示。

表 6-14　除草剂的分类及使用

类型	作用原理	常见种类	优点	使用时期
茎叶处理除草剂	进入植物体内而起作用	精氟吡甲禾灵、精喹禾灵、精吡氟禾草灵、稀禾啶、敌稗、百草枯等	见草施药，可进行点、片喷药，以节省用药量，降低成本，且没有土壤残留问题，不伤害轮作中作物的后茬作物	要掌握好喷药的时期，在杂草2～5叶期，选择晴天、无风、气温较高时喷药。杂草生长期
土壤处理除草剂	苗芽接触	丁草胺、乙草胺、氟乐灵、嗪草酮、西玛津等	可以将杂草杀于萌芽状态，彻底消除其对作物的干扰竞争；对除草品种的选择性要求不十分严格	每种除草剂在土壤中都有一定的持效期，短的10天或15天，长的可超过1年，在药效期内，陆续发芽的杂草幼芽接触药剂后都能死亡
茎叶兼土壤处理除草剂	进入+触杀	森草净、果尔、林草净	这既能进行叶面喷洒，也可以进行土壤处理；用于叶面喷洒时，除了杀死已经出苗的杂草以外，也有土壤封闭作用，可以杀死后出苗的杂草	杂草生长期

任务训练与评价

【任务训练】

以小组为单位，在完成日常苗木栽培管理过程中，注意以下几个方面。

1. 除草去杂是栽植、繁殖苗木前，栽植地或苗床处理的第一环节。

2. 随时观察苗床、花坛、草坪等园林绿地苗木和杂草生长情况，定期安排除去。

3. 施肥前、苗木栽植前期、植物生长临界期等关键时期，必须除草，以减少养分的掠夺，形成生长优势，利于植物健康生长。

在杂草生长的旺季，适时进行化学除草。

【任务评价】

根据表 6-15 中的评价标准，进行小组评价。

表 6-15　任务评价表

项目	优良	合格	不合格	小组互评	教师评价
除草的及时性	特定、关键时期除草及时	施肥前及时除草，杂草未影响苗木生长	杂草包围苗木或高度超过苗木，影响苗木光照		
除草的彻底性	连根拔出杂草，杂草含有率低	杂草含量较低	杂草根部残留较多，很快复发		
除草方法及功效	效率高，效果好，杂草再生慢	能较快除去杂草	投入过多，或对环境造成不良影响		

知识拓展

免耕法

免耕法也叫保护性耕作法，它是相对于传统播耕的一种新型耕作技术。其定义是：用大量秸秆残茬覆盖地表，将耕作减少到只要能保证种子发芽即可，主要用农药来控制杂草和病虫害的耕作技术。

免耕法并不是完全不对土壤进行耕作，而是在苗木生长过程中通过覆盖疏松的秸秆（如图 6-77 所示），保护土层不板结，少长杂草，或用除草剂控制杂草，从而在苗木生长期间不进行耕作。

优点：由于秸秆的覆盖，减少雨水对土壤的冲刷，加快了水分的渗透，减少地表径流，有利于涵养水分，减少土壤流失。同时，有机质的腐烂，形成大量腐殖质，利于土壤结构优化，增加土壤有机质。杂草的减少，中耕的免除，可以节约大量的劳动力，降低成本。土壤养分流失的减少，有机物的增加，可节约肥料，并提高产量。另外，也可减少扬尘，提高空气质量。

缺点：丰富的有机物会滋生大量的微生物、细菌，也为病虫害提供了“温床”。而除草剂的使用多少会对环境造成一定的不利影响。

图 6-77　免耕法

项目7 园林植物的防护性管理

教学指导

项目导言

极端天气所形成的高低温和风力危害可以给园林植物带来灭顶之灾，可能使园林管理工作前功尽弃，另外，还有来自于人类对园林植物的人为伤害。运用各种手段做好预防工作和建立预警机制，可以减小极端天气对园林植物的伤害，将经济损失降到最低。

项目目标

1. 能区分冻害和寒害对植物的危害，并能采取适当措施进行预防。
2. 能根据暑害的危害特点，采用适当的措施加以预防。
3. 能运用各种措施，防止因各种原因形成的植物倒伏，减少倒伏所产生的危害。
4. 能防止对植物的人为伤害。

任务 园林植物的防护

【任务目标】 1. 能采用各种措施，针对各种极端天气对植物造成的伤害进行预防；在出现伤害后能及时进行有效的救治。
2. 能理解倒伏对园林植物的致命伤害，能采用各种措施防止倒伏现象的发生。
3. 能找出人为伤害的原因，制定减少人为伤害的方法，并能在出现伤害后及时的救治。

【任务分析】 1. 找出对植物产生寒害和暑害的原因，利用各种方法防止其伤害的产生。
2. 产生倒伏的原因主要来自于大风产生的风力，还包括不发达的植物根系与不稳定的植物重心，只要找准原因，即可采用相应的措施防止倒伏。
3. 人为对园林植物进行伤害，有的来自于无意的机械损伤，人为践踏，但更多的是因为环保意识薄弱，缺乏对植物的爱护。

【任务描述】 在拥挤的城市中，在车来人往的道路旁，在日趋恶劣的环境下，植物在生长过程中非常容易遭受来自于人为或自然的伤害，有的对于植物来说是灭顶之灾。园林养护工作者应该首先做到防患于未然，精心养护，提高植物的抵抗能力；在植物受到伤害后，应进行及时的救治。

相关知识：自然灾害的类型、人为伤害的原因

一、极限温度对植物的伤害

（一）植物的温度三基点

温度三基点：植物生长发育要求的温度范围，包括生命活动过程的最适温度、最低温度和最高温度。植物生长的温度三基点一般在 5 ～ 45℃，而发育的温度三基点一般在 10 ～ 35℃，而超过这个温度范围植物生长受阻，直到伤害，最后直至死亡。植物生长各个时期有不同的三基点：如发芽的三基点、开花三基点，其温度值有时相差很大。

（二）冻害与寒害

冻害是指零度以下的低温所造成的危害，它会使组织细胞结冰而对植物造成伤害（如图 7-1 ～图 7-3 所示）。寒害是指零度以上的低温危害，一般发生在生长期(如图 7-4、图 7-5 所示)。

（三）暑害

由于高温高热引起的危害，表现为植物失水萎蔫，生长受阻。多同时伴随干枯，植物成片死亡（如图 7-6 所示）。

图 7-1　结冰的茶树

图 7-2　结冰的花卉

图 7-3　冻害危害

图 7-4　寒害

图 7-5　寒害造成的变色

图 7-6　暑害造成植物成片枯死

二、树木倒伏的危害

树木倒伏会对行人、建筑和车辆等造成危害（如图 7-7、图 7-8 所示），轻则造成财物损失，重则危及公众安全。

图 7-7　大型树木倒伏

图 7-8　行道树倒伏

三、常见的人为伤害

（1）低矮的地被植物和草坪的践踏（如图 7-9 所示）。

（2）机械损伤。常见的机械损伤有因为攀折、撞击而引起的断枝、断干、裂皮，也有人为造成的刻伤、刀痕，还有因为绳索捆绑造成的勒痕，行道树基部的盖板过小造成的根颈束（如图 7-10 所示）。

（3）污染。污染包括土壤污染、空气污染、光污染三类。土壤污染：化学、酸碱、油

盐（如图 7-11 所示）。空气污染：有毒气体、粉尘。光污染：夜间照明、霓虹灯。

图 7-9　人为伤害草坪

图 7-10　树木的人为和机械损伤

图 7-11　垃圾污染

活动 1　园林植物的防冻与防暑

【活动目标】

1. 能运用各种措施防止低温对园林植物的伤害。
2. 能选择适当的措施防止高温对植物的伤害。

【活动描述】

极端温度危害植物生长，我们应该选择适当的措施加以防范。园林植物的防暑、防冻工作流程如下：

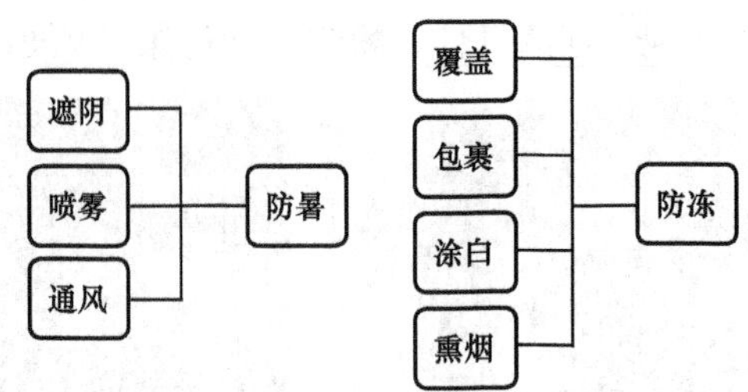

【活动内容】

一、防冻防寒的方法

（1）植株覆盖：利用隔热薄膜、玻璃等材料将植物整株或部分罩住，防止植物受冻或受寒（如图7-12、图7-13所示）。

（2）地膜覆盖：利用地膜覆盖植物根系部分，增加土温，减少水分蒸发，增加林下反光（如图7-14所示）。

（3）裹干：用草绳或薄膜等保温隔湿材料包裹树干中下部，防止树干冻伤（如图7-15所示）。

（4）树干涂白：利用石硫合剂将树干中下部涂白，防止病虫害和根基部分冻伤（如图7-16所示）。

（5）熏烟：在无风霜降天气，利用热烟形成上升气流，将下沉在地表的冷空气带走，达到植物防冻的目的（如图7-17所示）。

图7-12　小温室

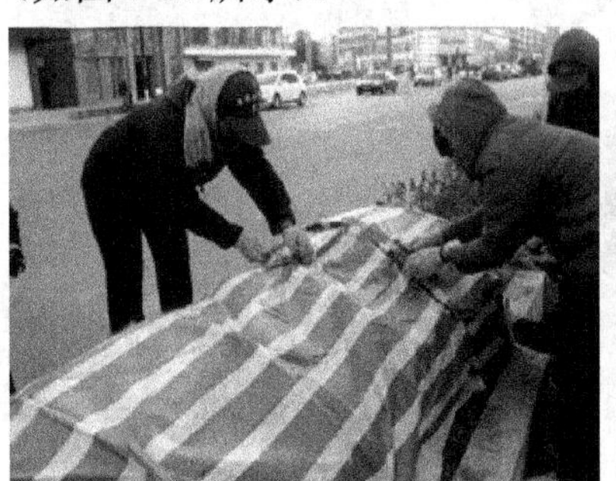
图7-13　隔热保温处理

图7-14　地膜覆盖

图7-15　草绳裹干

图7-16　树干涂白

图7-17　熏烟防霜冻

二、防暑的方法

（1）遮阴：遮蔽，阻挡阳光直射，减少日光辐射热（如图 7-18 所示）。

（2）通风：利用空气流动，将热空气带走，降低温度（如图 7-19 所示）。

（3）喷雾：根据水的高比热，利用雾化水，降低环境温度（如图 7-20 所示）。

图 7-18　简易遮阳

图 7-19　正规遮阳棚

图 7-20　喷雾降温

任务训练与评价

【任务训练】

以小组为单位，结合季节变化，根据不同植物对温度的要求，进行防寒防冻或防暑遮阴等保护工作。主要包括季节性的防护、突发性变温保护、按植物习性建立的温度预警防护机制。

【任务评价】

根据表 7-1 中评价标准，进行小组评价。

表 7-1　任务评价表

项目	优良	合格	不合格	小组互评	教师评价
植物习性归类合理性	能正确区分热带、喜温、不耐寒、耐寒植物	能尽力将植物置于大多数植物生长发育的范围内	由于归类错误而将植物置于过冷或过热的环境中，造成植物伤害		
防护方式适当	能运用入温室、包裹、套袋、覆盖、涂白、遮蔽等多种廉价、高效、对应的方式进行防暑防寒	能对植物采取一定的防护措施，基本有效	防护措施不当，造成植物伤害		
建立预警机制	在重要温度临界值时，能有一套防寒防暑的预警及处理机制，最大程度地减小温度造成的伤害	在过冷、过热、变温剧烈的季节有意识地对植物进行保护	防护意识淡薄		

活动 2　园林植物的防风、防倒伏

【活动目标】

1. 能采用各种防风措施，防止植物倒伏。

2. 能预防性地扶正倾斜的植物。

【活动描述】

大风能吹倒树木，除对树木形成致命的伤害外，还可能危及公共财产及人员安全，应采用恰当的措施，预防植物倒伏。园林植物防风防倒伏的工作流程如下：

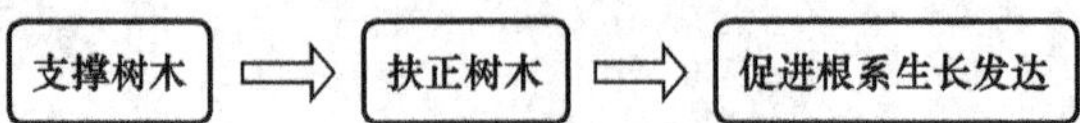

【活动内容】

1. 树木支撑

常见的树木支撑方法有单柱支撑、双柱支撑、三柱支撑、四柱支撑、连片绑扎等（如图 7-21 ～图 7-25 所示）。一般来说，支柱数量越多支撑就越稳固，但成本会相应增加，占据空间增大。

幼苗、幼树可用单柱支撑，节约空间，但由于其支撑效果有限，大树很少用。在做支撑时，应注意树体保护，谨慎选择使用材料，避免对植物造成伤害（如图 7-26 所示）。

图 7-21　单柱支撑

图 7-22　双柱支撑

图 7-23　三柱支撑

图 7-24　四柱支撑

图 7-25　连片绑扎

图 7-26　使用材料不当造成的树木伤害

2. 扶正培土

首先仔细观察倒伏植物的根颈部分是否超出土面，如超出了土面，则在倒伏的相反方向树干基部挖坑，然后将苗木扶正，使根颈与土面齐平，再将土压实，并作支撑保护；如倒伏植物的根颈未超出土面，则在倒伏方向树干基部大量填土，逐步将树干扶正，同样注

意根颈与土面齐平，压实支撑。扶正机器，如图7-27所示。

3. 硬支撑与软支撑

除了用木桩、钢管、水泥柱等进行硬支撑外，还可以用钢丝、绳索、铁丝网等进行拉伸所形成的软支撑，如图7-28所示。

4. 树木的地下支撑

除地面支撑外，还可以利用网状树兜和特殊构架形成的地下支撑（如图7-29所示）。地下支撑可以减少支撑物对城市空间的占用和对景观的破坏。

5. 均衡树木的生长势

通过修剪造型，形成相对均衡的重心稳定的树型，防止树木过分偏冠，生长势不均衡，重心倾斜，树冠过大，根系过浅，而引起树木倒伏（如图7-30所示）。

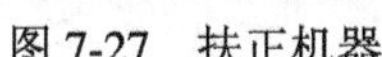

图7-27 扶正机器

图7-28 软支撑

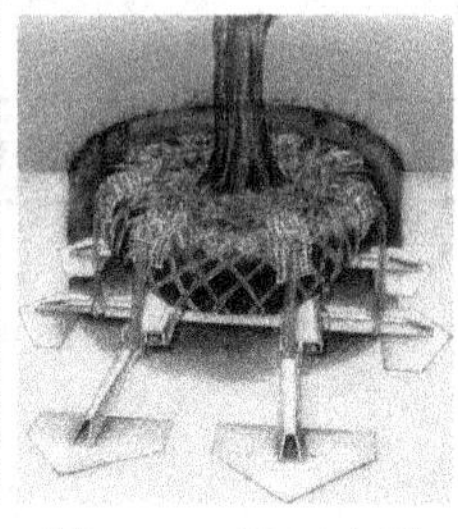

图7-29 地下支撑

图7-30 根系过浅引起倒伏

任务训练与评价

【任务训练】

以小组为单位，划分工作区域，训练以下内容。

1. 植物栽植时进行支撑，并随时检查和加固，做好防范。
2. 日常管理中对树木生长势进行平衡修剪，防止出现偏冠、重心不稳等情况。
3. 对各种原因形成的倾斜或倒伏进行及时处理。

【任务评价】

根据表7-2中的评价标准，进行小组评价。

表7-2 任务评价表

项目	优良	合格	不合格	小组互评	教师评价
树木支撑	选择的方法不影响行人，支撑牢固	起到良好的支撑效果	支撑不牢固，或伤害了树木		
修剪与防范	能运用修剪整形措施，调节生长势，使树冠均匀，根系发达	能纠正偏冠与歪斜的情况	偏冠和倾斜现象严重		
倾斜与倒伏的应急处理	处理及时，方法得当	选用正确的方法扶正植物，让其正常生长	不能有效地对树木进行扶正，形成安全隐患		

活动3　防止人为伤害

【活动目标】

1. 能在园林设计上、园林建设初减少园林建设对人们生活造成的不便。
2. 能设立警示标志加强宣传教育。
3. 能设立安全保护措施，保护园林植物不受伤害。

【活动描述】

基于各种原因，人类会有意或无意伤害、直接或间接地对植物造成不同程度的伤害，我们应采用各种措施加以防范。防止人为伤害的工作流程如下：

【活动内容】

一、减少设计缺陷

在园林设计时，减少园林设计缺陷造成的人为对植物的伤害，如图7-31所示。

二、阻隔措施

设立阻挡或隔离措施，保护重点花木，减少人为接触（如图7-32、图7-33所示）。

三、宣传与警示

宣传教育，增强保护意识；教育监管，挂牌提醒（如图7-34、图7-35所示）。

四、人工救治措施

出现伤害后，及时处理和救治（如图7-36所示）。

图7-31　便民设计

图7-32　阻挡接触

图7-33　隔离保护

图 7-34　宣传与警示

图 7-35　立牌提示

图 7-36　人工救治措施

任务训练与评价

【任务训练】

以小组为单位，对学校园林绿地进行巡查，寻找人为伤害的现象，加以归类，并作整改、保护，制定养护计划，以小组为单位分片加以实施并完成表 7-3。

表 7-3　巡查表

伤害的现象	伤害的植物	主要原因	急救方案	养护及管理措施

【任务评价】

根据表 7-4 中的评价标准，进行小组评价。

表 7-4　任务评价表

项目	优良	合格	不合格	小组互评	教师评价
伤害的发现及原因分析	能及时发现伤害现象，并准确分析形成伤害的原因	能发现伤害现象	对植物受到的伤害不重视		
伤害的救治和处理	能及时有效地进行救治和处理，效果好	能合理处理伤害	不能及时有效地救治植物		
养护及管理措施	能通过管理措施，设立警告或提示标识，减少人为伤害的继续发生；能通过养护措施，恢复植物的健康生长	设计保护措施能减少伤害的再次发生	在减少人为伤害方面没有措施和计划		

知识拓展

迎客松的保护

迎客松在玉屏楼左侧、文殊洞之上，倚青狮石破石而生，高 10m，胸径 64cm，地径 75cm，枝下高 2.5m，树龄至少已有 800 年，被称为黄山“四绝”之一。其一侧枝桠伸出，如人伸出一支臂膀欢迎远道而来的客人，另一只手优雅地斜插在裤兜里，雍容大度，姿态优美，是黄山的标志性景观。

但是，迎客松那只细长的迎客“手臂”，在1974年已经出现了枯萎和断裂的现象，引起了各方关注，现能够采用的救治措施主要有以下几种。

1. 保守型治疗

用钢筋、钢丝进行“手臂”的支撑和牵引，维持它的原有状态，尽量延长树枝的寿命。力求其伤口愈合与恢复，但该树已近千年寿命，更新复壮能力差。

2. 异地培养，重新移植（如图7-37所示）

选用黄山松，根据迎客松外形进行整形修剪，重塑“迎客松”，再移植到黄山替换衰老的迎客松。但该生长地生长条件极为恶劣，土壤贫瘠，不宜栽植，不易成活。

3. 用仿真塑料“手臂”“嫁接”代替

有的人建议干脆用塑料仿真迎客松的“手臂”，然后“嫁接”代替“残臂”，可以以假乱真。此法有先例，就是黄山的“梦笔生花”上的松树曾经死亡，前期则用塑料松代替，近年才移植了新的松树。

4. 替代法

另选类似树形的松树替代迎客松的名称和地位。此法也有先例，古时的“迎、送松”（在文殊院道中）早在1787年陆续死亡，玉屏峰的这株迎客松也是后人“张冠李戴”或叫“新命名”，替代成了“迎客松”。

5. 断臂“迎客松”

锯掉最容易，松树在成长过程中就要经历多次的“自然整形”，是自然规律。如“断臂维纳斯”有独特的残缺美，给人历史感和想象的空间。但专家排除了“高位截肢”意见，他们不要断臂“迎客松”。

现在主要采用的是第一种方法，结果是迎客松“拄上拐棍”给大家打招呼（如图7-38所示）。

图7-37 保护迎客松

图7-38 小气候检测及细部检查

园林植物的修剪与造型

教学指导

项目导言

在满足植物健康生长的同时，根据园林设计的要求，我们还要对部分植物进行修剪，规范其生长，形成一定的造型，并控制植物的生长，促进其开花结果，以达到观赏要求，提高观赏价值和经济价值。

项目目标

1. 能根据各种绿篱的特点及园林功能，进行合理的修剪控制，让绿篱保持特有的形状和高度，或通过强行修剪，让灌木形成一定几何或象形形状，形成园林小品，增加观赏情趣。
2. 能按照灌木类别、生长习性、观赏特点进行造型、促花、控制等多种目的的不同方式的修剪工作。
3. 能充分利用藤性植物的可塑性，进行多层次、多类型的造型绿化，同时，通过修剪控制其生长。
4. 能根据草本植物的观赏方式、观赏角度及个体特征，进行一定方式的造型设计，增加色彩对比、观赏层次，形成良好的观赏角度，展现群体美、图案美、立体美，增加观赏效果。

任务　不同园林植物的各种修剪造型方法

【任务目标】 1. 能理解修剪的原则，学会各种修剪手法。

2. 能运用不同的修剪手法，达到造型或促花或调节生长势的目的。

3. 能针对不同的园林植物的造型要求，运用相应的手段进行造型。

【任务分析】 园林植物的修剪造型要根据不同园林植物的不同习性，以及承担的园林功能而定，并灵活运用各种修剪造型手法，达到园林设计要求。

【任务描述】 将众多的园林植物配合栽种一起，构成园林景观，但有的植物生长较快，容易凌乱，不仅影响美观，甚至影响到其他园林植物的生长。这时，需要对部分园林植物的生长进行修剪控制引导，达到设计的景观效果；同时，有些植物栽培的目的是对花果的欣赏，我们也需要一些特殊的修剪手段控制营养生长，刺激观赏性更强的花果的产生。

相关知识：植物修剪原则、技法和作用

一、植物修剪的原则

自然式修剪主要用于高大、自然姿态优美、观叶和观形类的植物，如栀子花、山茶、桂花、玉兰，如图8-1所示。其修剪目的是维持自然株型，使之生长壮健和合乎于自然之理，更美观。规则式（人工式）修剪是按人们的不同爱好，对植物强行整形，强制它们达到人们的要求，以致扭曲枝叶，损伤也在所不惜，如图8-2所示。无论使用哪种修剪方式，都要有长远的打算，耐心细致，要数年甚至十几年精心培养，仔细考虑，精心构思，不可贸然下剪，以致产生难以弥补的错误。

图8-1　自然式修剪

图8-2　规则式修剪

二、植物修剪的时期

1. 冬季修剪

冬季修剪（又称休眠期修剪，简称冬剪）主要用于休眠期明显的树种。指从秋末落叶起至翌春发芽前一段时间进行的修剪。冬季修剪以整形为主，可稍稍重剪，修剪的目的主要是培养树木骨架和枝组，并疏除多余的枝条和芽，以便集中营养于少数虫枝、交叉枝及

一些扰乱树形的枝条，以使树体健壮，外形饱满、匀称、整洁。冬剪在生产上是最重要的修剪时期。

2. 夏季修剪

夏季修剪（又称生长期修剪、带叶修剪，简称夏剪）以调整树势为主，宜轻剪。修剪有抵制、削弱生长作用，增加分枝级次，节约树体养分，增加光照，促花结果等。通常有“冬剪长树、夏剪长果”的谚语。夏季修剪是冬季修剪的继续和补充，如冬剪疏枝之后，簇生很多隐芽枝，在幼小时将其抹去。决不能仅顾及冬季而放松夏季修剪工作。夏季修剪是冬季修剪的先行和准备。如将部分过旺、过弱、过密的枝及时处理，便于冬剪，同时免得冬剪一次修剪量过大，影响树体长势。

三、植物修剪的目的

（1）造型需要：利用整形修剪调整树体结构，控制枝干生长，合理布局，形成特定的美观形态，更加利于美化环境及突出观赏价值。

（2）促进开花：修剪可以改变营养生长与生殖生长之间的关系，促进开花结果。例如在花卉栽培上常采用多次摘心的方法，促使万寿菊多抽生侧枝，增加开花数量。

（3）抑制开花：除直接去掉花枝控制开花外，悬铃木还通过强行修剪侧枝，让其不能达到开花年限，控制开花污染。

（4）规避城市设施：强行修剪，规避电线、路牌、红绿灯等公共设施。

四、植物修剪的手法

1.“截”

“截”指剪去枝条先端一部分，保留一部分，以促其保留侧芽、侧枝萌发的方法。

（1）摘心：它是“截”的一种极端手法，仅将植物的顶芽或顶部生长点去掉，起到防止植物徒长，促进主干木质化的作用。

（2）短剪：又叫轻剪，短截，其“截”掉的部分为枝长的1/3左右。其作用是压缩枝长、冠幅，延迟花期，促进再次开花。

（3）重剪：“截”去枝条长度的2/3左右，仅留1/3。能够达到在生长期控制植物生长，促进其他枝条生长，在休眠期促进本枝侧芽萌发的目的。

（4）强剪：去掉枝长的大部分，仅留基部3～5节（芽），多用于休眠期对花木的处理。

2.“疏”

“疏”指从枝条基部将枝全部剪去，防止株丛过密，利于通风透光，完美造型。主要去抹芽、内向枝、交叉枝、平行枝、内堂枝。

注意“疏”枝的方法：木质化的；伤流多的。

3.“伤”

“伤”指于芽（花、幼果或花枝）的上方或下方，进行深达木质部的刻伤（或环刻、环剥），以阻碍养分的通过，抑制或促进该芽(花、果、枝)的生长。主要用于促进果实的生长，促芽的生长、萌发、补白。苹果、梨生产上可用“伤”集中养分，促进丰产和果实品质。

4.“变”

“变”指改变部分枝条生长方向的方法，使植物生长势平衡或养分集中。主要用于盆景造型、顶端优势的形成和利用、丰产。

5.“放”

“放”指去掉某树的侧枝或一侧枝的副枝侧芽，使之生长健壮、高大、变长，充分放开生长之意。“剥蕾”为其中的一种。如用材树种的去侧枝，使主干通直、高大；藤本植物主茎去侧枝，快速生长上棚。

注意：几种方法要综合利用，相辅相成，何时何枝用何法。

活动1　绿篱及小品修剪造型

【活动目标】

1. 能理解绿篱在园林中的运用，陈述其功能，区别其类型。

2. 能根据绿篱的形式，利用特定的修剪整形方法，按照一定的修剪原则，对绿篱进行修剪造型。

【活动描述】

篱是现代园林中起分隔作用最常用的方式，它的高矮差异决定了它的功能区别。不同的绿篱材料有不同的观赏效果。绿篱及小品修剪的工作流程如下：

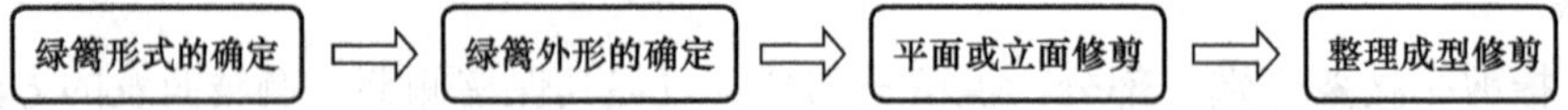

【活动内容】

一、绿篱在园林中的作用

凡是由灌木或小乔木以近距离的株行距密植，栽成单行或双行，紧密结合的规则的种植形式称为绿篱，如图8-3所示，其主要功能如下。

（1）防范和保护 。一般在1.2m以上，可以结合砖墙、竹篱、栏杆、铁网形成围墙。如用带刺植物效果更好，如枸骨、枳壳、刺槐。

图8-3　规则式绿篱

（2）边界与分区。作为园林绿地的镶边材料，作区划和界限线（如图8-4 、图8-5所示）。一般较低矮，30cm以下，如用“彩色”品种更可以突出图案效果和观赏效果，如黄金叶、金叶女贞、变叶木、洒金珊瑚、洒金柏、红花檵木。

（3）空间组织。可以分隔园林，形成空间层次，引导游人路线。用绿篱作为屏障分隔空间，形成不同功能的区域，并可以减少噪音和区域之间的干扰。枝叶密集，效果好。

（4）遮蔽和背景功能。遮挡劣景、挡土墙、围墙，构成园林小品或喷泉、雕塑的背景。一般较高大，如珊瑚树。

图 8-4　绿墙

图 8-5　利用高篱形成的迷宫一

二、常用绿篱植物的种类及特点

1. 绿篱

绿篱是四季常绿，以观叶为主的密植灌木，按高度可将其分为以下类型。

（1）高篱：又叫绿墙，一般高于 1.5m。种类有珊瑚树、石楠、女贞、柏树、龙柏等，可以遮挡视线，阻挡噪音，形成屏障和阻隔（如图 8-6 所示）。

（2）中篱：一般高 60cm 以上。常用的品种有大叶黄杨、小叶女贞、蚊母，起阻挡、空间划分的作用（如图 8-7 所示）。

（3）矮篱：又叫绿沿，30cm 以下的绿篱，没有阻碍能力，主要起边界的作用。常见的品种有小叶黄杨、六月雪等（如图 8-8 所示）。

2. 花篱

花篱属于自然式绿篱，由花灌木组成。常见的品种有栀子、杜鹃、九里香(如图 8-9 所示)。

3. 果篱

果篱是用果色鲜艳的灌木组成，常见的品种有火棘、南天竺、十大功劳（如图 8-10 所示）。

图 8-6　利用高篱建造的迷宫二

图 8-7　中篱

图 8-8　矮篱

图 8-9　花篱笆

图 8-10　果篱

4. 刺篱

刺篱是运用带刺植物形成的防护能力较强的绿篱。常见的品种有枸骨、刺树、枳壳（如图 8-11 所示）。

5. 藤篱

藤篱是利用藤本植物攀附篱笆或栏杆所形成的绿篱。常见的品种有常春藤、九重葛等（如图 8-12 所示）。

6. 竹篱

竹篱是用竹类植物形成的绿篱（如图 8-13 所示）。

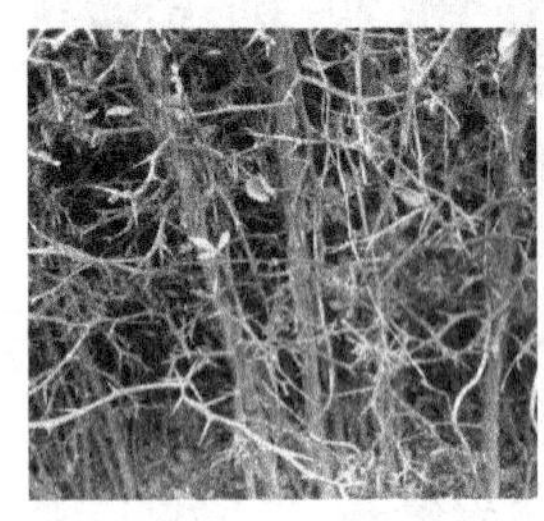

图 8-11　刺篱

图 8-12　藤篱

图 8-13　竹篱

三、绿篱植物的特点和造型方式

1. 绿篱植物的特点

绿篱植物一般选用枝叶密生的、耐修剪、耐密植、更新能力强、抗性强、寿命长的常绿植物。

2. 常见绿篱造型方式

绿篱造型的常见方式有自然式、规则式、图案文字式（如图 8-14 所示）。

（1）自然式：保持自然形态，仅修病枯枝，用于生长比较整齐的植物。

（2）规则式：强行修为几何形或带状，用于枝叶密集、再生能力强的植物。

（3）图案及文字：通过栽植不同色彩的植物，配合修剪手法，利用色彩上和形态上的差别构成图案或文字。

四、修剪手法的应用

在五大修建手法“截、疏、伤、变、放”中，绿篱修剪用得最多的手法是“截”，即根据造型需要对发出的新枝进行强制短截，以形成设计要求的平面或弧面，达到整齐一致。

图 8-14　绿篱的造型

在自然式绿篱的修剪中也可以对徒长枝、病枯枝进行从基部的完全剪除，即“疏”的手法。

在类绿篱的小品修剪中，为造型需要，也可以对枝条进行适当的弯曲、绑扎等，即“变”的手法。

任务训练与评价

【任务训练】

以小组为单位，对校园（社区、单位、公园）内的绿篱进行调查分类，确定修剪的目的，选择对应的方法，组织学生周期性地对其进行修剪造型。

1. 绿篱植物种植后，按规划设计要求进行一定方式的修剪，形成合格的绿篱。

2. 定期对现有绿篱进行修剪，保持其固有形态。

3. 伴随植物生长，持续进行绿篱的造型修剪，达到特定造型体型和高度要求。

训练层次

1. 自然式绿篱的修剪。一般仅去掉病枯枝而任其自然生长，作自然式花丛栽植。

2. 规则式绿篱的修剪。其包括平面修剪、立面修剪、球面修剪、弧形修剪、造型修剪（如图 8-15 ～图 8-18 所示）。

图 8-15　绿篱的平面修剪

图 8-16　绿篱的球形修剪

图 8-17　规则几何形修剪

图 8-18　象形修剪

【任务评价】

根据表 8-1 中的评价标准，进行小组评价。

表 8-1　任务评价表

项目	优良	合格	不合格	小组互评	教师评价
调查归类	植物种类、绿篱类型调查归类正确	认知绿篱种类	归类错误而造成修剪手法的错误选择		
修剪方案	修剪方案完备，落实到修剪的频率、修剪技术、基本规则、人员及工作量等各个方面	能定期指定人员对绿篱进行合格修剪	未保证绿篱的定时修剪，或修剪对植物观赏性造成伤害		
修剪工作	准备充分，修剪效果好，达到修剪目的，减少对植物的伤害和环境污染，保障安全	能安全完成修剪任务，基本达到修剪要求	修剪质量差，未达到基本要求		

活动 2　藤本植物的造型

【活动目标】

1. 能理解藤本在园林中的功能。

2. 能对常见园林藤本植物进行不同功能的园林造型。

3. 能根据藤本植物的不同功能，进行修剪。

【活动描述】

藤本植物枝条柔软，且属于层间植物，根据攀爬物的大小、高低、形状，可以形成丰富的形态。它有着特殊的习性，根据它的习性，可以在园林中加以运用。根据其运用目的，进行不同方式的修剪造型。藤性植物在园林中属于可塑性最强的植物，或攀爬，或匍匐，或垂吊；可棚架，可丛植，可立壁，用途广泛。通过修剪造型，牵引攀爬，可形成丰富的园林景致。藤木造型的工作流程如下：

【活动内容】

一、藤木在园林中的作用

藤本植物枝条柔软，必须借助支持物才能向上生长，园林中多利用其习性作立体绿化，也可让其自然下垂或匍匐于地面生长，增加园林层次及情趣。

二、藤木的生长特性分类

图8-19　缠绕

（1）缠绕茎是藤性植物用主茎盘曲支持物向上生长（如图8-19所示）。

（2）攀缘茎是利用变态枝叶或吸附性气生根攀附支持物向上生长。它又分为4类：①钩刺类，利用变态叶刺钩挂支持物向上生长，如藤性月季、九重葛及蔷薇科悬钩子属植物（如图8-20所示）；②卷须类，利用变态的茎卷须或叶卷须缠绕支持物向上生长，如葡萄（如图8-21所示）；③吸盘类，利用变态根吸盘吸附支持物表面向上生长，如爬山虎（如图8-22所示）。该类植物吸附能力很强，是建筑物垂直绿化的很好材料（如图8-23所示）；④吸附性气生根类，如薜荔。

图8-20　攀附（钩刺类）

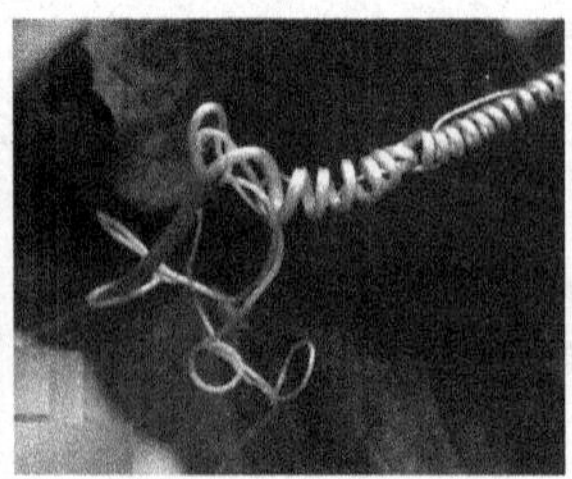

图8-21　攀附（卷须类）

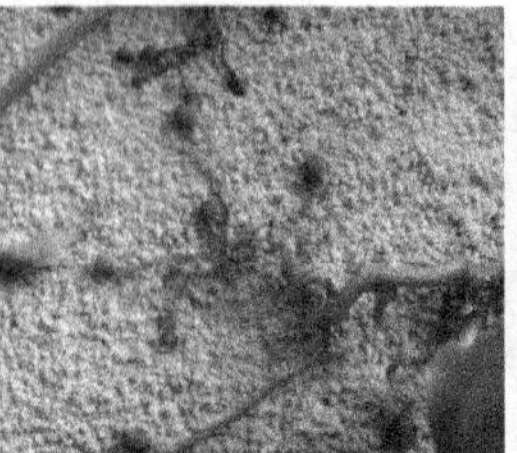

图8-22　攀附（吸盘类）

图8-23　攀附（凌霄）

三、藤本植物的园林布置形式

（1）棚架式，用于卷须类及缠绕类藤本植物。通过“放”的修剪手法形成数条强壮主蔓，然后垂直诱引主蔓至棚架的顶部，并使侧蔓均匀地分布架上，则可很快地成为荫棚（如图 8-24 所示）。

图 8-24　棚架式

（2）凉廊式，常用于卷须类及缠绕类植物。因凉廊有侧方格架，所以主蔓勿过早诱引至廊顶，否则容易形成侧面空虚（如图 8-25 所示）。

图 8-25　凉廊式

（3）篱垣式，多用于卷须类及缠绕类植物。将侧蔓进行水平诱引后，每年对侧枝施行短剪，形成整齐的篱垣形式。“水平篱垣式”适于形成长而较低矮的篱垣，可依其水平分段层次之多而分为二段式、三段式等。“垂直篱垣式”适于形成距离短而较高的篱垣（如图 8-26 所示）。

图 8-26　篱垣式

（4）附壁式，多用吸附类植物为材料。地栽，并简单地将藤蔓引于墙面即可自行靠吸盘或吸附根而逐渐布满墙面。例如爬墙虎、凌霄、扶芳藤、常春藤等均用此法。如果在壁前设立网格、绳架，栽植缠绕植物也可以达到类似效果。修剪时应注意使壁面基部全部覆盖，各蔓枝在壁面上应分布均匀，勿使相互重叠交错。在本式修剪与整形中，最易出现的问题为基部空虚，不能维持基部枝条长期繁茂。可配合轻、重修剪以及曲枝诱引等综合措施，并加强栽培管理工作（如图 8-27 所示）。

（5）直立式，对于一些茎蔓粗壮的种类，如紫藤等，可以修剪整形成直立灌木式。此式如用于公园道路旁或草坪上，可以收到良好的效果(如图 8-28 所示)。

图 8-27　附壁式

图 8-28　直立式

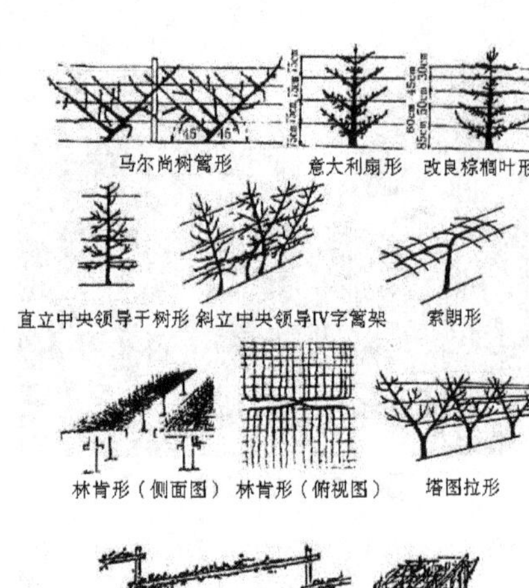

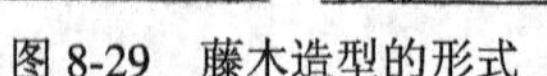

图 8-29　藤木造型的形式

四、藤木修剪的方法和作用

藤性植物主要依靠支持物的支撑攀爬生长，形成一定的造型。在栽培前期，主要采用“放”的手法形成主茎；在生长中期，人工绑扎牵引，引导其均匀分布，通过密集覆盖构成景观；在生长后期，则应对其进行牵引，控制其生长的范围及生长量，防止生长过盛或影响其他植物生长。

在实际工作中，藤本植物很少修剪，主要的工作重点在形成固定的形式并规范其生长，防止生长过盛。并隔数年将病、老或过密枝疏剪。

观赏性较强的开花藤木，可以每年疏密去枯，增加通风透光，促进开花。而以产果为主的葡萄修剪手法多种，伴随葡萄的整个生长期和休眠期(如图8-29所示)。

任务训练与评价

【任务训练】

以小组为单位，调查学校内藤本植物的类型及绿化方式，根据藤本植物绿化的形式，进行不同造型形式、不同生长时期、不同造型目的的修剪，如棚架式牵引和分布、攀附式的引导和生长旺盛的藤本植物控制性修剪，并填写表 8-2。

表 8-2　修剪表

序号	藤本植物名称	数量	位置及绿化方式	开花习性	修剪方法	修剪时期	技术备注

【任务评价】

根据表 8-3 中的评价标准，进行小组评价。

表 8-3　任务评价表

项目	优良	合格	不合格	小组互评	教师评价
调查归类	植物种类、藤本植物类型调查归类正确	认知藤本植物种类	归类错误而造成修剪手法的错误选择		
修剪方案	修剪方案完备，落实到修剪的频率、修剪技术、基本规则、人员及工作量等各个方面	能定期指定人员对藤本植物进行合格修剪	未保证藤本植物的定时修剪，或修剪对植物观赏性造成伤害		
修剪工作	准备充分，修剪效果好，达到修剪目的，减少对植物的伤害和环境污染，保障安全	能安全完成修剪任务，基本达到修剪要求	修剪质量差，未达到基本要求		

活动 3　草本植物的群体造型

【活动目标】

1. 能配置不同色彩的花带，体现色彩美。
2. 能配置多种图案的花坛，体现图案美。
3. 能利用建筑造型、鲜花覆盖的方式，体现形体美。

【活动描述】

草花个体较小，但色彩丰富、颜色鲜艳，通过适当的组合造型、色彩搭配摆放，更能形成色彩对比、观赏层次，增加观赏效果。草本植物造型的工作流程如下：

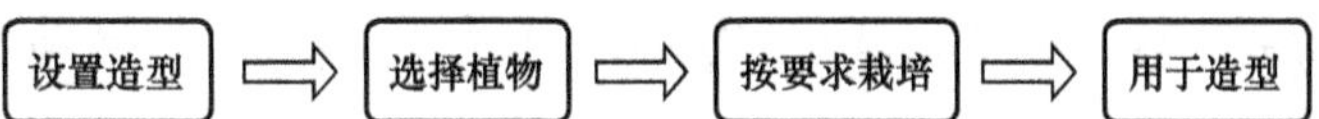

【活动内容】

一、草本植物群体造型的主要目的

通过色彩搭配、造型增加艺术感染力（如图 8-30 所示）。增加观赏性的方式如下。

（1）由平面观赏变为立体观赏（如图 8-31 所示）。

（2）色彩的搭配和对比（如图 8-32 所示）。

（3）形态美的产生，群体美的体现（如图 8-33 所示）。

图 8-30　草本花卉色彩、形态的造型搭配

图 8-31　花柱

图 8-32　色块构成的花坛

图 8-33　色块的组合

二、草本植物群体造型的方法

传统的草本植物群体造型方法主要有花坛形式和花景形式，以块状、片状、图案摆放

为主。现代草本植物多利用建造材料进行造型，再用密生、矮小、多色植物覆盖，形成立体景观，人称“立体花坛”。

（一）平面图形式

（1）模纹形式：采用不同色彩的五色草、彩叶草等植物材料，在规则的植床内组成十分华丽的各种图案纹样。

（2）文字形式：用五色草、彩叶草等植物材料组成各种政治标语、宣传口号、各种节日庆典祝词以及大规模的会议名称等。

（3）肖像形式：以五色草、彩叶草等植物材料组成一些伟人、英雄人物或名人的肖像，这种形式的设计和施工比较复杂，要求技术较高。

（4）动物形式：以五色草、彩叶草等植物材料扦插组成12生肖以及其他动物，如大象、海豚、狮子等。要设计具有一定象征意义的图案，图案设计的灵活性比较大，如运动场可用乒乓球拍或运动员奔跑、跳跃的图案，学校门口可用一本书、一支钢笔的图案，剧院可用脸谱、古琴图案等。

（二）立体形式

一般先设计出平面图，然后将设计的形象用石膏或泥作出模型小样，经修改后，根据小样按比例画出骨架图，以利于施工和骨架制作。不论平面图或立面图都要标出植物材料的种类、数量，并标明面积和比例（如图8-34所示）。

图8-34　花柱及内部结构

（1）花篮、花瓶形式：用一定的材料扎成花篮或花瓶的骨架，外部用五色草、彩叶草摆出色彩美丽的花纹，酷似彩色花篮和花瓶。

（2）动物形式：用一些材料做成某种动物外形骨架，外面用五色草、彩叶草进行装饰，制成如熊猫、二龙戏珠、大象、孔雀开屏、小鹿或者其他动物均可。

（3）人物、典故形式：以竹木或钢材制成骨架，用五色草、彩叶草装饰成某些人物、典故的造型，如“胡服骑射”、“将相和”、“嫦娥奔月”等。

（4）建筑形式：在一定材料构成的某些建筑骨架外部，用五色草、彩叶草进行装饰，形成某种艺术化的建筑形状，如长城、亭子、小桥等。

（三）草本植物造型技术要点

为保证五色草、彩叶草高度的一致，促进根、叶生长，使图案纹理清楚、整洁美观，经常对这些植物进行修剪是养护管理的重要环节。尤其是在施工完及较大节日前，通过修剪，可显著提高造型的观赏效果。

首先用大平剪进行整体平面修剪，使造型植物平面平整。对于刚施工完毕的造型植物，修剪量不宜过大，只要找平即可。养护期间修剪，为控制植物的生长高度，可适当重些。其次是用手剪进行图案细部修剪，目的是使图案线条明显，图案清晰。修剪时，用手剪把各色草之间的分界处处理好，使分界线笔直，相互不交叉，图案纹理清楚。

此外，可通过特殊的修剪手法达到立体的艺术效果。如对于模纹造型、文字造型等，

可通过修剪使图案或文字等凸现形成立体感，观赏效果也比较好。修剪时，可把图案线条四周剪重些，而图案的线条部分剪轻些或基本不剪，找齐即可，但要注意图案线条与四周衬底间界线，这样就会使图案突出，使人看了有明显的立体感，文字图案通过这样修剪，可使其有立体效果，也可把字体修剪成弧面，很有吸引力。对五色草、费菜、彩叶莲造型图案来讲，修剪相当重要，在养护管理期间要经常修剪，一般 15 ～ 20 天修剪一次，以保持各种造型图案的艺术魅力。

任务训练与评价

【任务训练】

1. 以小组为单位，在栽培过程中，根据花卉生长习性及观赏特点进行修剪。并填写表 8-4。

表 8-4　修剪表

花卉名称	修剪目的	修剪方法	修剪时期	造型结果

2. 利用栽培的多种鲜花，进行花坛造型或立体花坛造型设计与布置（或模拟设计）。

【任务评价】

根据表 8-5 中的评价标准，进行小组评价。

表 8-5　任务评价表

项目	优良	合格	不合格	小组互评	教师评价
平面设计效果	图案美感大气不繁琐，有韵动感，色彩搭配适合，有层次感	线条明显，图案清晰	归类错误而造成修剪手法的错误选择		
立体设计效果	骨架简单、考虑周全，图案具情趣。种植孔设计合理，注意安全和养护方便	结构合理，造型有特色	造型不利于草花的附着，结构不合理，有安全隐患		

知识拓展

利用园林植物进行动物、建筑等造型的方法

1. 修剪法

对密植灌木进行修剪整形，逐步形成动物形状（如图 8-35 所示）。

图 8-35　修剪法

2. 覆盖法

利用建筑材料，如钢筋、木材等，修建成各种动物、人物、建筑等形状，再于其表面覆盖种植矮生密植草本花卉（如图 8-36 所示）。

3. 牵引法

用金属丝或其他材料构成模具或骨架，再利用藤本植物牵引攀爬，覆盖形成象形形状（如图 8-37 所示）。

4. 编织法

将多株植物的主干或枝条相互编织，利用其再生愈合能力，形成一个整体（如图 8-38 所示）。

5. 蟠扎法

利用幼树的柔软枝条蟠扎为动物形状（如图 8-39 所示）。

图 8-36 覆盖法

图 8-37 牵引法

图 8-38 编织法

图 8-39 蟠扎法

特殊立地环境下的植物栽培与养护

教学指导

项目导言

在当代，人们对良好生态环境的追求已经远远地超越了“见缝插绿”的要求，而达到了几乎要求在任何环境条件下都需要绿色植物的栽植的极致。栽植环境的改变，对植物的种类选择、习性需求、栽植方式、管理养护等水平都提出了较高的要求。

项目目标

1. 理解立体绿化、水体绿化、无土栽培、容器栽培等栽培方式在园林中的应用。
2. 分析不同立地环境的特殊性和对栽培植物的要求；能挑选适应该环境的不同园林植物。
3. 能完成立体绿化、水体绿化、无土栽培、容器栽培的植物配置设计和栽植工作。
4. 能调整栽培养护措施；完成立体绿化、水体绿化、无土栽培、容器栽培苗木养护。
5. 培养学生树立良好的环保意识；并于工作任务中强调安全教育。

任务9.1 立体绿化

【任务目标】 1. 能根据绿化对象、成本要求，作出相应的绿化方式和设计。

2. 能识别立体绿化植物20种以上；并对应立体绿化的方式、环境按其习性作出选择。

3. 描述立体绿化步骤，并完成栽植施工。

4. 能完成立体绿化栽培与养护工作，达到设计要求效果。

【任务分析】 1. 不同的立体绿化对象有不同的绿化方式。

2. 不同的绿化方式可以对应选择相应的园林植物。

3. 立体绿化有繁简不同、成本各异的栽植方式。

4. 立体绿化方式对管理提出了相应的要求。

【任务描述】 立体绿化是现代园林广泛运用的绿化方式，它可以在不增加绿化土地面积的情况下，增加城市绿化覆盖率。园艺工、花卉工从栽培的角度应该注意到，立体绿化主要是园林植物在生存、栽植空间位置上发生了变化，可以通过植物材料的选择，栽培条件的创造，养护措施的改良，完成立体绿化工作。

相关知识：立体绿化概述

一、立体绿化及其应用对象

立体绿化是指充分利用不同的立地条件，选择攀援植物及其他植物，栽植并依附或者铺贴于各种构筑物及其他空间结构上的绿化方式。

立交桥、建筑墙面、坡面、河道堤岸、屋顶、门庭、花架、棚架、阳台、廊、柱、栅栏、枯树及各种假山与建筑设施上都是立体绿化的对象，园林中又以以下几方面用途较广泛。

（1）棚架绿化：利用观赏价值较高的垂直绿化植物在廊架上形成的绿色空间，或枝繁叶茂，或花果艳丽，或芳香宜人，既为游人提供了遮阴纳凉的场所，又成为城市园林中独特的景点。

（2）墙面绿化：利用吸附、攀缘植物增加墙面的自然气息，对建筑外表具有良好的装饰作用。在炎热的夏季，墙体垂直绿化，更可有效阻止太阳辐射、降低居室内的空气温度，具有良好的生态效益。

（3）篱垣绿化：可使篱垣因植物的覆盖而显得亲切、和谐。栅栏、花格围墙上多应用带刺的藤木攀附其上，既美化了环境，又具有很好的防护功能。

（4）园门造景：城市园林和庭院中各式各样的园门，如果利用藤木攀缘绿化，则别具情趣，可明显增加园门的观赏效果。

（5）岸、坡、山石驳岸的垂直绿化：陡坡采用藤本植物覆盖，一方面可遮盖裸露地表，美化坡地，起到绿化、美化的作用，另一方面可防止水土流失，具有固土之功效。

（6）树干、电杆、灯柱等柱干的垂直绿化：设花槽、花斗，栽植枝蔓细长的悬垂类植物或攀缘植物悬垂而下。

（7）屋顶、阳台绿化：铺设人工合成种植土的平顶屋面，可选择匍匐、攀缘类植物作地被式栽培，形成绿色地毯。屋面不能铺设土层者，可在屋顶设种植池或者用盆器栽植，蔓延覆盖屋面。

（8）室壁垂直绿化：在室内外垂直绿化时，必须首先了解室内外环境条件及特点，掌握其变化规律，根据垂直绿化植物的特性加以选择，以求在室内保持其正常的生长和达到满意的观赏效果。

二、立体绿化的环境特点

（1）立体绿化的环境特点：光照差异大、温差变化大、土壤瘠薄、水分蒸腾量大。

（2）常用地点：立交桥、建筑墙面、坡面、河道堤岸、屋顶、门庭、花架、棚架、阳台、廊、柱、栅栏、枯树及各种假山与建筑设施上的绿化。这些地点的环境差别很大，如阳台的四季温差；栏杆、棚架的风；同一建筑向阳和背阳面、建筑内外面的光照和温度等，为立体绿化的设计以及植物的选取提供了多样化选择。

三、立体绿化设计

1. 立体绿化基础设计

“因地制宜”是立体绿化基础设计的基本原则。

（1）在寸土寸金的城市绿化中，立体绿化的目的是弥补城市绿地的不足，开拓绿化空间，协调和改善城市的生态环境，增加城市绿化覆盖率，创造优美环境。所以在设计时应该多利用悬挂、垂吊栽植的方法，利用空间，观赏性优先。

（2）而挡土墙、护坡、护堤，防护是其主要目的，故应该以多年生根系发达的绿色植物栽植为好。

（3）阳台、窗台空间狭小，或挂或附，或吊或悬，或盆或槽，充分利用空间为主，可栽植数种多年生植物构成骨架和风格，再购买接近观赏期的植物装饰。美观，但不能影响生活。

（4）围墙、棚架、墙壁地栽攀附植物，节约成本，增加情趣，但成景较慢。

（5）墙体内外的垂直绿化为新兴事物，要求材料、技术、成本较高，为形象工程，用于高附加值建筑工程中。

2. 立体绿化的植物选择

设计时“适地适树”选择，即植物与环境的对应选择，可以适合植物生长，减少管理的投入。

（1）功能选择。具有美化效果的植物，如月季、牵牛、茑萝；具有防止水土流失作用的植物，如狗牙根；具有防护功能的植物，如藤本月季。

（2）生态选择。具有抗污染作用的植物，如爬山虎、迎春；具有净化空气作用的植物，如常春藤、瓜类；具有调节温、湿度效果的植物，叶子大、密度高的藤本植物荫蔽效果较好，有较强的隔热功能，如葡萄、鸡蛋果、常春藤、爬山虎等能降低太阳辐射的强度，防止墙壁过热，从而降低室内温度；其次是防尘隔音功能，覆盖在建筑物表面的藤本植物能挡住灰尘，同时叶片大、密度大的藤本植物还能起隔音作用。

（3）观赏选择。观叶类植物，如爬山虎、薜荔、蕨类植物；观花类植物，如藤本月季、凌霄花；观果类植物，如瓜类、豆类。

（4）习性选择。绿化西墙时，就应选择喜阳、抗旱的藤本植物，如爬山虎；相反，朝北方向的坡面，由于阳光照射时间短、光线不强，所以在绿化时，应选择较耐阴的藤本植物，如油麻藤。

活动 1　立体绿化方式的利用

【活动目标】

1. 能了解立体绿化的应用对象。
2. 能总结常见的立体绿化形式。
3. 能分析不同立体绿化形式对植物的要求。

【活动描述】

立体绿化占地少，绿化效果、观赏效果好，适用范围广，但不同的应用对象，不同的形式，对成本和植物的要求差别较大。立体绿化方式的利用工作流程如下：

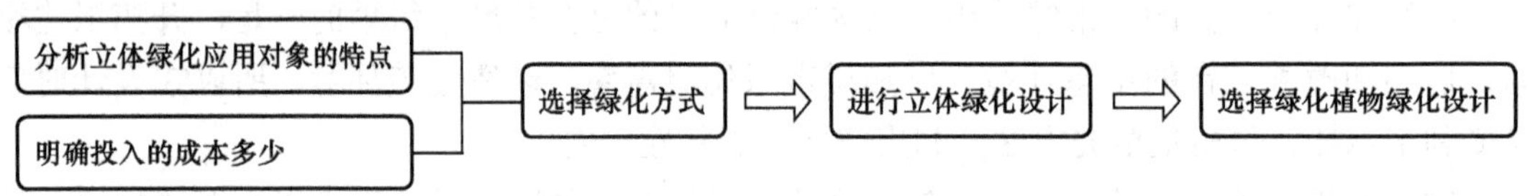

【活动内容】

立体绿化的形式如下。

（1）攀缘式及缠绕式。攀缘式可分为攀附类、钩刺类、卷须类、气生根类。攀附类、气生根类多用于墙面、岩石表面绿化，多地面种植槽栽植，直接吸附，无需支架牵引，成本低，效果突出。但需要时间让植物生长，攀爬形成（如图 9-1、图 9-2 所示）。钩刺类、卷须类和缠绕式多用于栏杆、棚架、阳台绿化，也可以用于墙面绿化，多地栽，需要支架、绳索牵引（如图 9-3 所示）。

（2）垂吊式。在绿化对象的中、上部栽植藤蔓性植物，向下垂吊的绿化方式（如图 9-4 所示）。

（3）种植穴。在护坡绿化或挡土墙的部分位置，留建种植孔洞，栽植植物的方式。涉及工程设计、建设。相应植物选择范围较大（如图 9-5 所示）。

（4）悬挂式。将绿化盆栽植物悬挂半空栽植观赏的方式。管理不便，注意牢固和安全性，多在花期进行（如图 9-6 所示）。

（5）垂直立面绿化。新兴事物，现代工程学、材料学、建筑学、植物栽培技术的综合。在建筑的内外墙体垂直立面上加挂种植槽、培养土、灌溉设备并密植植物的方式。成本高，效果好，养护要求高。植物选择范围较广（如图 9-7 所示）。

图 9-1 爬山虎（攀附类）

图 9-2 凌霄（气生根）

图 9-3 牵牛花（缠绕）

图 9-4 垂吊

图 9-5 种植槽

图 9-6 悬挂

图 9-7 垂直墙体绿化

任务训练与评价

【任务训练】

有亲戚购得新房，向学习园林专业的你打听，如何进行阳台绿化，并提供以下资料。同学们以小组为单位，根据图中阳台数据（如图 9-8 所示），请作出立体绿化植物栽植规划，主要就立体绿化形式、种植位置及对应选择的植物、相应的管理，作出建议性规划设计，小组合作，填写表 9-1。

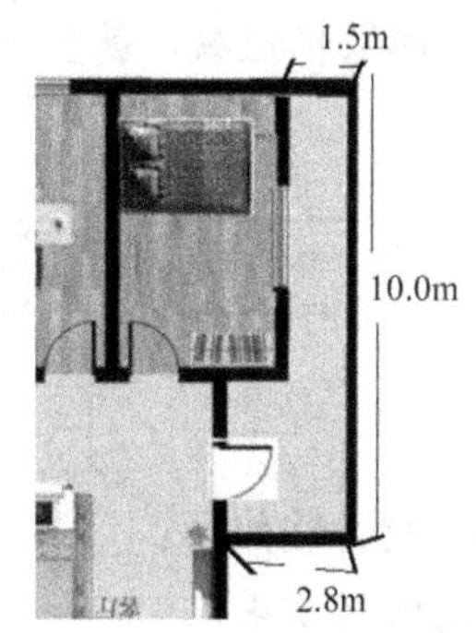

图 9-8 阳台示意图

表 9-1 规划设计表

栽植位置及栽植方式	植物类型	数量	注意事项（防渗、安全、成本等问题）

【任务评价】

根据表 9-2 中的评价标准，进行小组评价。

表 9-2　任务评价表

项目	优良	合格	不合格	小组互评	教师评价
栽植位置及栽植方式	位置对应，方式多种为优良	位置适中，方式单一为合格	影响生活，布置混乱为不合格		
植物类型	观赏类型丰富，而不混乱为优良	有主有次，利用生长为合格	习性与功能和环境相违背为不合格		
数量	适量为优良	多少均可为合格	但方式单一造成相对拥挤为不合格		
注意事项（防渗、安全、成本等问题）	针对不同方式提出注意事项为优良	涉及安全和成本问题为合格	没有安全及生活方便的思考为不合格		

活动 2　认知常见的立体绿化植物

【活动目标】

1. 能识别常见的立体绿化植物。
2. 能搜集、了解常见立体绿化植物的习性。

【活动描述】

不同的立体绿化方式有不同的栽植环境，从而形成对植物的习性要求，需要我们从众多的植物中选择。多认识立体绿化植物，就多一分选择。认知常见的立体绿化植物的工作流程如下：

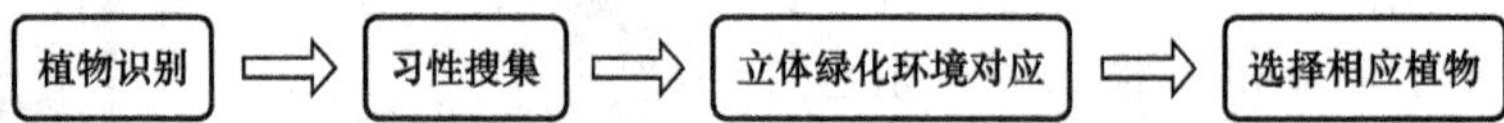

【活动内容】

常见的立体绿化植物及习性如下。

1. 立体绿化植物对光照的需求

根据对光照的需求，将立体绿化植物分成 3 类。第一类为喜光性植物，如炮仗花、月季、凌霄（如图 9-9 所示）；第二类为耐阴性植物，如绿萝（如图 9-10 所示）、部分蕨类；第三种为喜半阳半阴植物，如天门冬（如图 9-11 所示）。我们可以在不同的立体环境条件下加以利用。

图 9-9 喜阳的凌霄

图 9-10 喜阴的绿萝

图 9-11 喜半阴的天门冬

2. 立体绿化植物的抗性

立体绿化植物因其品种差异而具有不同的抗性。有抗污染性强的植物，如金银花（如图 9-12 所示）；也有抗干旱性强的植物，如薜荔（如图 9-13 所示）；而抗贫瘠性的植物具有耐热、耐寒又抗旱的特性，并对土壤要求不高，如爬山虎（如图 9-14 所示），在立体绿化中这类植物利用极其广泛。

图 9-12 金银花

图 9-13 薜荔

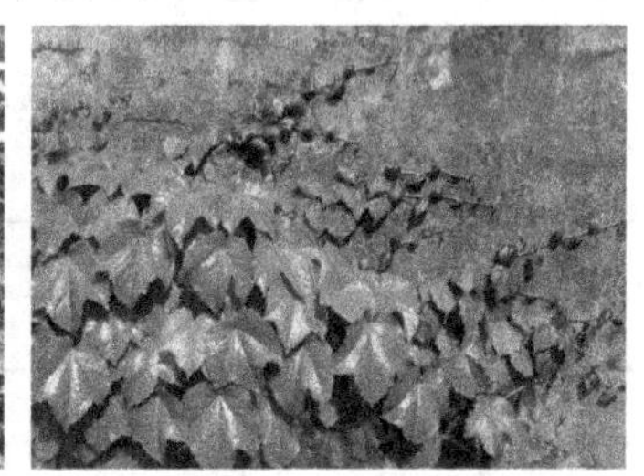
图 9-14 爬山虎

3. 立体绿化植物的生长性

立体绿化植物的生长性包括攀爬能力、枝条长度、生长快慢、根系发达、附着能力等，都有较大的差异，我们应根据高度和攀缘植物攀爬能力进行选择。

高度在 2m 以上，可种植爬蔓月季、扶芳藤、铁线莲、常春藤（如图 9-15 所示）、牵牛、茑萝、菜豆、猕猴桃等；高度在 5m 左右，可种植葡萄、葫芦（如图 9-16 所示）、紫藤、丝瓜、瓜篓、金银花、木香等；高度在 5m 以上，可种植中国地锦、美国地锦、美国凌霄、山葡萄、爬山虎（如图 9-17 所示）等。

图 9-15 常春藤

图 9-16 葫芦

图 9-17 单叶爬山虎

任务训练与评价

【任务训练】

以小组为单位，识别常见的立体绿化植物，并选择部分搜集其习性资料，分析其立体绿化方式及绿化效果（15 种）并填写表 9-3。

表 9-3 资料收集表

序号	植物名称	科属	立体绿化方式	观赏性	抗性	攀爬（垂吊）能力	喜光性	冬枯期

【任务评价】

根据表 9-4 中的评价标准，进行小组评价。

表 9-4 任务评价表

项目	优良	合格	不合格	小组互评	教师评价
植物名称与科属	准确率80%以上为优良	准确率70%以上为合格	准确率70%以下为不合格（5种）		
植物应用方式	准确率80%以上为优良	准确率70%以上为合格	准确率70%以下为不合格（5种）		
植物习性	认真搜集，准确率80%以上为优良	准确率70%以上为合格	准确率70%以下为不合格		

活动 3 立体绿化的建设实施

【活动目标】

1. 能根据立体绿化对象和成本设计立体绿化方案。
2. 能根据设计方案完成立体绿化建设工作。

【活动描述】

可繁可简的立体绿化实施起来都大同小异，根本在于为植物修建种植基础和创造生长条件。实施立体绿化的工作流程如下：

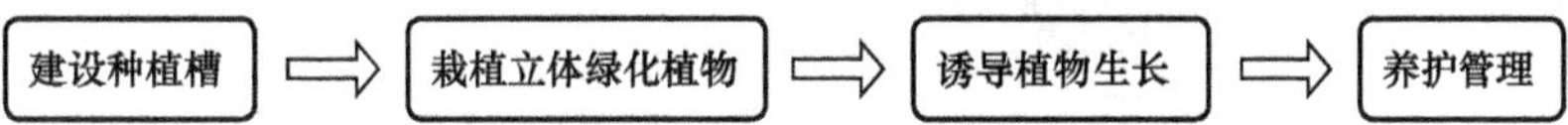

【活动内容】

一、立体绿化植物的实施

1. 随机应变的立体绿化种植

（1）绿化对象的立面下部可地栽植物遮挡，向上生长。

（2）绿化对象的立面中部可利用攀爬植物攀爬覆盖绿化，还可以悬挂种植槽（打洞挖穴）悬植植物，增加层次（如图9-18所示）。

（3）绿化对象的立面上部，也可以栽植垂吊植物，向下垂挂。

图9-18　挡土墙立体绿化

2. 与时俱进的立体绿化技术

（1）利用部分植物的攀附能力和自然垂吊绿化立面，其选择的植物种类有限。

（2）利用挂钩或支架将植物栽植地变为立体，其管理养护不便。

（3）利用高科技的材料、复杂的工程，并建有灌溉系统的垂直绿化，其成本高。

3. 立体绿化目的和立体绿化方式的对应

（1）美化为主要目的的立体绿化。多于植物的观赏期进行，临时短期栽植。如路灯和电杆、阳台、栏杆的立体绿化。多将盆栽花卉花期悬挂、悬吊栽植，作立体绿化。

（2）生态环境保护为主要目的的立体绿化。减少水土流失，保护坡体为第一要素的挡土墙、山体护坡、河道堤岸植物成活，根系发达为要点。多以穴植、地栽、梯状栽植，下攀附、上垂吊为主。钩刺类植物绿化栏杆，既适合生长，还可以增加防护效果。

（3）绿化成本与立体绿化方式。从简单的地栽攀爬，到悬挂垂吊，再到复杂的垂直绿化，成本差异大。

二、现代化的墙面垂直绿化

墙面垂直绿化步骤，涉及工程建设（如图9-19所示）。

步骤一：墙面规划布置。

步骤二：铺设隔板，保护建筑。

由于有隔板的保护，这种植物墙可以被装置于任何墙面，且不受墙面面积和高度的限制。

步骤三：铺贴式种植毯、种植槽铺设，防水钉焊接固定。

植物墙由植物盒以标准结构组合而成，使其具备易拆卸、易安装、易替换的优点。

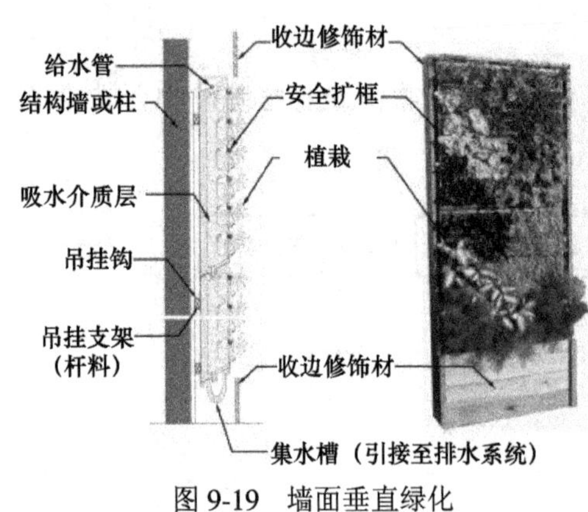

图9-19 墙面垂直绿化

步骤四：滴灌等给水系统管线。

水的供给是从顶部往下渗透。灌溉水中添加了特殊营养液及无毒杀菌杀虫剂，以保证植物的正常生长；浇灌和施肥都是由微灌溉系统自动控制。

步骤五：铺设种植袋、填充培养土基质。

植物墙上生长的基质是天然有机的，可使用长达10年，且易于更换。

步骤六：植物种植。

主要选择多年生常绿草本及常绿灌木，故能保持四季常绿。

任务训练与评价

【任务训练】

根据实际情况，以小组为单位，按以下步骤完成一小区域（挡土墙、围墙、栏杆、陡坡、屋顶、门庭、花架、棚架、阳台均可）的立体绿化的设计、施工、养护完整过程。或通过绿化设计、施工方案和养护计划的书面方式模拟完成。

实际立体绿化实施的工作步骤如下。

1. 立体绿化对象的确认。
2. 立体绿化目的的确认。
3. 立体绿化环境条件、绿化资金投入的调查。
4. 立体绿化设计：确定立体绿化方式、筛选立体绿化植物。
5. 立体绿化基础条件建设（工程建设）。
6. 立体绿化植物的种植、养护。

【任务评价】

根据表9-5中的评价内容及权重，进行小组评价。

表9-5 任务评价表

评价内容	评价权重（%）	小组互评	教师评价
工作步骤正确	10		
绿化方式设计与成本适合	20		
绿化方式与绿化对象适合	20		
绿化植物选择与绿化栽植方式及环境适合	20		
工程建设能满足立体绿化基础条件	10		
绿化植物的栽植养护安排合理	20		

活动4　立体绿化的养护与管理

【活动目标】

1. 能保证植物的健康生长。
2. 能诱导植物生长，达到最佳观赏效果。

【活动描述】

立体绿化植物栽植后，一方面为其健康生长创造良好条件；另一方面，诱导其生长，并进行造型修剪，满足立体绿化观赏要求。其工作流程如下：

【活动内容】

一、立体绿化的养护管理

（一）创造适合立体绿化植物生长的条件

1. 浇水

水是攀缘植物成活和生长的关键，由于攀缘植物占地面积小，根系生长受限制，所以在生长季节、干旱季节浇水的次数和浇水量要适当增加，特别是3～7月，植物生长旺季和新植、近期移植的植物。

2. 施肥

无论是地栽攀缘，还是悬挂栽植的立体绿化植物，其根系生长空间都很狭窄，首先应保证施用充足的基肥或配制营养丰富的腐殖土，其栽植时间一般是在秋末落叶后一直到春初发芽前。另外，也应适当追肥，可结合浇水进行，特别是6～8月植物生长旺盛，雨水充足的时候，基肥应用有机肥或复合肥，施用量为每米0.5kg左右。

3. 牵引

立体绿化材料主要以藤性植物为主，它是廉价而且优质、观赏效果强的传统立体绿化材料。其幼苗栽植后牵引的目的是使它的枝条沿着附属物不断生长，达到设计的绿化目的。而中后期的牵引可以让它分布均匀，造型优美。牵引的方法：根据攀缘植物的不同种类、不同时期进行，主要以修剪、捆绑、诱导为主。

4. 中耕除草

应该在杂草生长季节进行，以早除为好。除草应彻底除尽，并不能伤及攀缘植物的根系，减少杂草堆养分的掠夺，保持绿地的整洁，减少病虫害的发生条件。

5. 修剪

修剪的目的是剪取多余枝条，防止枝条下垂、重叠、内部干枯等。其时间一般在秋季。

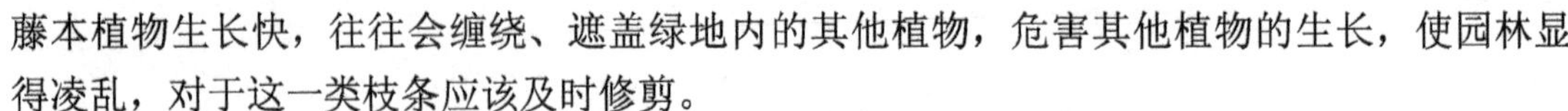

藤本植物生长快，往往会缠绕、遮盖绿地内的其他植物，危害其他植物的生长，使园林显得凌乱，对于这一类枝条应该及时修剪。

6. 病虫害防治

藤本植物生长快，枝叶密集，易孳生病虫害，应注意防治。

（二）调控立体绿化植物的生长

（1）通过修剪，让立体植物分布均匀，充分接收光照，利用光能，保证其健康生长。

（2）人工牵引、修剪，可以对藤本植物和立体绿化植物进行造型，构成一定的图案美和线条美，增加观赏性。

（3）人工根据植物的开花习性进行修剪，可以刺激藤性植物开花、结果。

二、优秀立体绿化作品赏析

如图 9-20 所示，通过人工的养护管理，白色的墙壁衬托下，灰褐色的藤条盘曲向上，呈现出一种苍古的线条美，绿色的叶子成片，蓬松地自然覆盖于墙顶，紫色的花序垂吊飘逸。由于垂直绿化的效果，围墙没有给人拘束感，反而给人美感。

如图 9-21 所示，凌霄藤蔓自然弯曲向上，绿色叶片枝条修剪整齐 ，橙红色花朵均匀分布。该绿化占地面积极小，绿化面积大，建设投入小，管理能力强。

如图 9-22 所示，爬山虎的攀爬、迎春的垂吊、密植的红花檵木、剑形叶的丝兰等廉价绿化基础材料，在良好的管理下也能产生极佳的立体绿化效果，既有多种色彩、形态的对比、质感的差异，又形成了良好的层次感。

图 9-20　紫藤

图 9-21　凌霄

图 9-22　坡地立体绿化

任务训练与评价

【任务训练】

观察某一实际立体绿化项目现场（如图 9-23、图 9-24 所示），分析管理的问题和养护的不足，提出整改的方法，并形成养护实施计划，并加以实施。

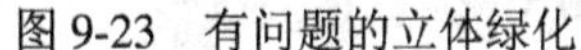
图 9-23 有问题的立体绿化

图 9-24 养护不良的立体绿化

【任务评价】

根据表 9-6 中的评价标准，进行小组评价。

表 9-6 任务评价表

项目	优良	合格	不合格	小组互评	教师评价
发现问题	及时解决立体绿化出现的不良情况，周期性地清除不利情况，如积水过多，排水不畅，生长过旺，绞杀它物，并有一定的防范意识为优良	能发现养护问题，及时解决立体绿化出现的不良情况为合格	没有防范意识，对立体绿化管理不重视为不合格		
分析原因	从设计、选材到养护方面全面分析，能找准问题，及时解决，为优良	能通过栽培养护手段，解决立体绿化出现的不良情况为合格	不能找到原因，解决问题的为不合格		
解决方案	制定管理措施，形成防范制度为优良	问题出现，能够解决为合格	对立体绿化管理不重视，听任其随意生长为不合格		

知识拓展

意大利的空中森林

据英国《每日邮报》报道，意大利米兰目前有两栋分别高 111m 和 79m 的楼正在兴建，不同以往的是它们将被打造成两座“空中森林”，居住在其中的人犹如置身森林公园中。

这两栋高楼的每个公寓阳台上，都将被种上一棵棵树木，两栋公寓大楼总共将被种植上 730 棵树、5000 棵灌木和 11000 株地表植物，从外面看起来它们就像是两个“垂直的空中森林”！

图 9-25 “空中森林”设计效果

报道称，“空中森林”是由意大利博埃里工作室负责人布伦尼罗设计的，他说：“‘空中森林’的灵感来源于当地一个植树计划。我们想让自然风景走进建筑中，创建以风景为家的公寓。”在资源宝贵的大城市，布伦尼罗的设计可以有效节省用地（如图 9-25 所示）。

据报道称，其主体建筑已初具规模，一旦建成，它们将成为世界上第一个“空中森林”。到时候，它们容纳的住户数量将等同于一个 50000m^2 常规社区所容纳的住户数量。这个“垂直森林”不仅将成为人类的绿色家园，同时也将成为昆虫、鸟类和小动物安家的天地（如图9-26、图9-27所示）。

图9-26　“空中森林”示意

图9-27　在建的“空中森林”

植生性混凝土

植生性混凝土基质材料由水泥、土、腐殖质、长效肥、保水剂及混凝土添加剂6种材料组成。可以直接种植冷季型草种、暖季型草种与花灌藤本植物种子，根据生物生长特性混合优选而成，植被能四季常青、多年生长、自然繁殖，对立体绿化来说，形成了一定的便利。植物的存在不会破坏混凝土的结构，反而减小了温差变化，减慢风化，减小雨水的冲刷。

（1）水泥：为了提高植被混凝土层的抗冲刷能力和增强植被层与混凝土坡面的粘结力，必须在植被混凝土基质中加入相对较大量的水泥。通常采用425#水泥。一般每立方米基质材料中的用量为100～160kg。

（2）土：土是营造植物长期生长、提供养分、储存养分的基础材料，一般采用壤土或砂壤土（含砂量不超过8%），对混凝土面采用含砂量稍低的砂壤土。土要保持干燥，粉碎过筛，符合喷锚机要求。

（3）腐殖质：腐殖质是优先为植物提供养分和产生植物根系生长空间的基础材料，一般采用酒糟、锯末、稻壳、秸秆纤维等，这些有机物持水性能强，通气性好，肥效时间长。而且，能防止土壤板结，改善土壤物理结构。

（4）长效肥：长效肥（缓释肥）是为植物生长提供长期效力的复合肥，一般采用尿素、生物肥、化学复合肥。这些肥料通常是采用科技手段使其长久缓慢地为植物生长释放养分。

（5）保水剂：岩石面或混凝土面上喷射的植被混凝土层平均厚度10～12cm，保水性能要比一般土壤差一些，而且岩石面或混凝土面基本上为不透水层面，深层无望储存水分。植物种子的发芽和生长对气候环境非常敏感，稍一干旱植物便发黄枯萎。所以适当加入保水剂是补给植物水分，防止干旱枯萎的有效方法。

保水剂在水分丰裕时吸收水分，天气干燥时为植物提供水分，吸水倍数高达300倍，这些水分通常不易自然释放出来，但植物根系却能吸获储存在保水剂中的水分。保水剂一般采用粒度100目的保水剂。但对于岩石面或混凝土面应选择吸水重复性好、使用寿命长的产品。

（6）混凝土添加剂：混凝土添加剂主要功能有4个方面：首先，为了提高植被混凝土强度，在基质材料中使用了较大量的呈碱性的水泥，这就严重危害了植物的发芽、生根和生长（如图9-28、图9-29

所示）。加入混凝土添加剂能起到碱性中和因子的作用，调节基材 pH；增加植被混凝土空隙率，提高透气性，改善植被混凝土物理结构；提供菌根菌，增强植物养分自我补给功能，营造较好的植物生长条件；改变基材变形特性，使植被混凝土不产生龟裂。

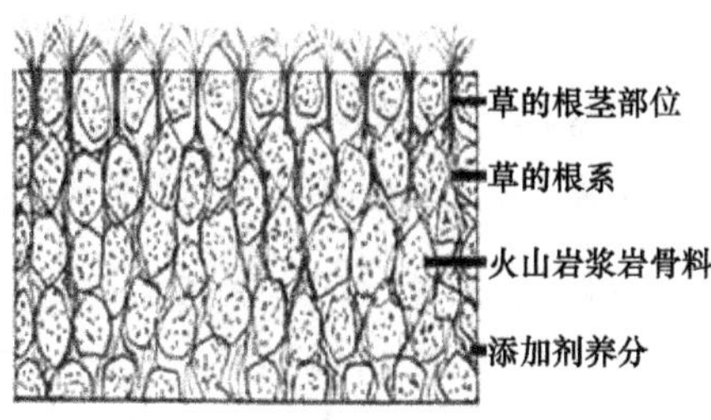

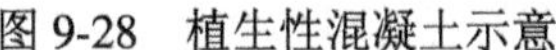
图 9-28　植生性混凝土示意

图 9-29　长满植物的植生性混凝土

任务9.2 园林中的水体及其绿化

【任务目标】 1. 能根据不同的绿化目的，利用不同的水生植物种类，对不同种类的园林水体进行绿化。
2. 能采用多种栽植方式形成风格各异的水体绿化。
3. 能调整栽培措施，对不同栽培方式、各类习性的水生植物加以养护和管理。

【任务分析】 1. 了解水体的种类和作用，并以此为依据选择适当的植物，形成水体景观。
2. 创造各种栽植条件，配置和栽植水生植物，通过养护达到设计要求。

【任务描述】 水体在现代园林中运用日趋广泛，号称园林中的“血液”、“灵魂”。无论是旧式的“无水不成园”，还是现代的“湿地”概念，都是水体在园林中的重要性的表现。而选择适当的植物对水体进行绿化，可以增加水体的观赏性和自洁能力。

相关知识：园林水体绿化及水生植物栽植

一、园林水体的种类

（1）按水的状态分类。动水，如溪水、瀑布、喷泉、河流；静水，如湖泊、池塘（如图9-30所示）、井。

（2）按水体形态分类。规则式，如水岸为规则几何形的水体；自然式，如水岸为不规则自然形态的水体。

（3）按水体来源分类。天然式是指自然状态下的水体，如自然界的湖泊、池塘、溪流等，其边坡、底面均是天然形成；人工式是指人工状态下的水体，如喷水池、游泳池等，其侧面、底面均是人工构筑物。

图9-30 园林水体（池塘）

二、园林水体及其绿化的作用

（1）生态调节作用。园林水体及其绿化可以起到降低环境温度，增加空气湿度，增加负氧离子浓度，减少灰尘等作用（如图9-31所示）。

（2）景观美化作用。园林水体景观加上景物倒影、水的质感等可以增加园林景观的层次性、灵动性。

（3）空间分隔作用。园林水体及其绿化可以作为空间和视线上的分隔，作为景观的引导，增加园林的层次感（如图9-32所示）。

（4）排、蓄水作用。结合地下供水排水系统，可储存雨水，供人为利用。

（5）生态庇护作用。可种植水生植物，养鱼虾、喂水禽飞鸟，增加观赏内容和园林情趣（如图 9-33 所示）。

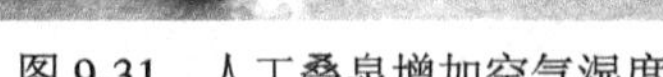

图 9-31　人工叠泉增加空气湿度

图 9-32　水体的分隔作用

图 9-33　园林景观中的性植物

三、园林水体及绿化应该注意的问题

1. 水量的保证

防渗。蒸发是不可避免的损失，而渗流是整个水系建造和管理中最主要的水量损失。

2. 水位的控制

排水、蓄水、供水。排水和溢水管道，以保证水体不超出设计的高度。在自然积水不足的情况下还可提供水源。

3. 水质的保持

保持水体清洁的技巧有以下几种。

（1）选择无孔的花盆或容器，装入水生植物喜爱的黏土，种植后，土表覆盖 2 ～ 3cm 的粗沙，防止水体搅动，泥浆浑浊水面。

（2）循环用水，人工修建管道，让水循环起来，改善水质。可将造景和改善水质结合起来。建造一个机械循环水处理系统，利用管道和水泵，将低洼处水池中的水，抽到高处，作泉水状层层跌落，流动过程中层层过滤，减少养分，增加分解氧。结合设计，产生溪涧、瀑布、流水、小池，弯折曲回，配以小桥、汀步等景观，增加美景。而且循环的水系可层层过滤沉淀，减少污染。避免营养物质的过度沉积而形成的水体超营养化，一举多得。

（3）硬化驳岸，硬化水岸，栽植植物是防止水土流失，水体变浅、变窄的主要方式。注意雨水引导、过滤，防止垃圾、泥沙。

（4）定期清淤，甚至可以换水。

四、水生植物种植设计的要点

水生植物与环境条件中关系最密切的是水的深浅。在水体中种植水生植物时，不宜种满一池，使水面看不到倒影，失去扩大空间作用和水面平静感觉；也不要沿岸种满一圈，而应该有疏有密，有断有续。一般在小的水面种植水生植物，可以占 1/3 左右的水面积，留出一定水中空间，产生倒影效果。种植水生植物时，种类的选择和搭配要因地制宜，可以是单纯一种，如在较大水面种植荷花等，同时可以结合生产；也可以几种混植，混植时的植物搭配除了要考虑植物生态要求外，在美化效果上要考虑有主次之分，以形成一定的特色，在植物间形体、高矮、姿态、叶形、叶色的特点及花期、花色上能相互对比调和。

其中控制水草生长的方式有以下几种。

（1）水下修建种植槽、种植床，分隔水底淤泥，把种植地点围起来，阻碍和控制水草根系生长。或在池底用砖或混凝土做支墩，然后把盆栽的水生植物放在墩上，用花盆的大小限制植物的生长范围。

（2）种植多种水草，相互竞争，相互控制长势。

（3）水面利用桥、树、建筑等荫蔽。由于大多数水生植物都是强阳性植物，荫蔽的环境可以延缓其长势。

（4）漂浮植物可以用浮团（仿真型）阻隔。

（5）人工分栽、修剪、疏除。

活动1 认知水生植物

【活动目标】

1. 认识园林水体的种类。能分析各种园林水体与水生植物配置的对应性。
2. 能识别常见的园林水生植物，搜集其习性特点，以利运用。

【活动描述】

水体的种类决定了水体绿化的方式，水体绿化方式决定了对水生植物的选择种类。其工作流程如下：

水体（种类）条件 ⇒ 栽植条件 ⇒ 选择水生植物

【活动内容】

一、挺水型

植株高大，花色艳丽，大多数有茎、叶之分；根或地下茎扎入泥中生长，上部植株挺出水面。如荷花、黄花鸢尾、千屈菜、菖蒲、香蒲、梭鱼草、再力花等（如图9-34所示）。

图9-34 挺水植物（鸢尾）

二、浮叶型

根状茎发达，花大、色艳，无明显的地上茎或茎细弱不能直立，而它们的体内通常储藏有大量的气体，使叶片或植株漂浮于水面。如睡莲、王莲（如图9-35所示）、荇蓬草、芡实、荇菜等。

三、漂浮型

根不生于泥中，植株漂浮于水面之上，随水流、风浪四处漂泊，如：槐叶萍、水鳖、水罂粟、水葫芦（又名凤眼莲）等（如图 9-36 所示）。

四、沉水型

根茎生于泥中，整个植株沉入水体之中，通气组织发达。如黑藻、金鱼藻（如图 9-37 所示）、狐尾藻、苦草、菹草之类。

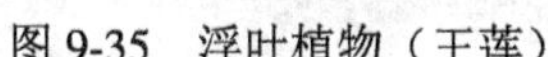

图 9-35　浮叶植物（王莲）

图 9-36　漂浮植物（水葫芦）

图 9-37　沉水植物（金鱼藻）

任务训练与评价

【任务训练】

以小组为单位，调查识别本地区常见的水生植物，结合其运用的水体种类，分析其绿化特点，并填写表 9-7。

表 9-7　水生植物收集表

水生植物	科别	类型	运用特点

【任务评价】

根据表 9-8 中的评价标准，进行小组评价。

表 9-8　任务评价表

项目	优良	合格	不合格	小组互评	教师评价
植物识别	识别正确率大于90%	识别正确率大于80%	识别正确率小于80%		
植物归类	归类正确率大于90%	归类正确率大于80%	归类正确率小于80%		
运用特点	能充分体现该植物运用的环境和行使的园林功能	能准确记录该植物的生长环境	记录不准确		

活动2　水生植物的栽植与养护

【活动目标】

1. 能根据水体绿化需要，选择相应的水生植物，决定栽植方式。
2. 能根据不同水生植物的特点进行栽植管理。

【活动描述】

根据水体条件，栽植各种水生植物，按植物习性加以管理养护，达到设计要求。其工作流程如下：

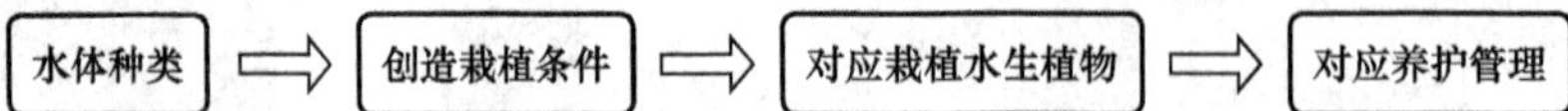

【活动内容】

一、水生植物的栽植方式

（1）驳岸种植槽。在岸边修建种植槽，填入肥沃土壤，栽种挺水植物或沼泽生植物，美化河岸（如图9-38所示）。

图9-38　驳岸种植槽

（2）水底淤泥种植。一般用于较浅的水体，利用水底肥沃土壤，栽种挺水植物或浮叶植物（如图9-39所示）。

（3）水底种植容器。在水底用支架支持花盆或其他容器，栽植植物（如图9-40所示）。

（4）浮岛。利用比重轻的材料制作容器，靠浮力浮于水面，再在上面栽种植物，半固定可移动（如图9-41所示）。

（5）漂浮。利用漂浮植物绿化水体的方法，此方法使用较少，难以控制植物漂浮的范围和方向（如图9-42所示）。

图9-39　水底淤泥种植

图9-40　水底种植容器

图9-41　浮岛栽植

图9-42　漂浮绿化水体

二、水生植物的繁殖栽培

（1）繁殖。水生花卉一般采用播种法和分株繁殖法。栽培水生花卉的水池应具有丰富、肥沃的塘泥，并且要求土质黏重。各种水生花卉，因其对温度的要求不同而采取相应的栽植和管理措施。

（2）栽植。栽植入土多用栽插法、抛入法、移栽法、培育法、插种法等。盆栽水生花

卉的土壤也必须是富含腐殖质的黏土。花盆用无孔花盆或木箱、竹篓。沉入水底，或于水底修建种植槽。

三、水生植物的养护管理

（1）日照。大多数水生植物都需要充足的日照，尤其是生长期（即每年4～10月），如阳光照射不足，会发生徒长、叶小而薄、不开花等现象。

（2）用土。除了漂浮植物不需底土外，栽植其他种类的水生植物，需用田土、池塘烂泥等有机黏质土作为底土，在表层铺盖直径1～2cm的粗砂，可防止灌水或震动造成水混浊现象。

（3）施肥。以油粕、骨粉的玉肥（缓效全素混合颗粒肥）作为基肥，放4～5个玉肥于容器角落即可，水边植物不需基肥。追肥则以化学肥料代替有机肥，以避免污染水质，用量较一般植物稀薄十倍。

（4）水位。水生植物依生长习性不同，对水深的要求也不同。漂浮植物最简单，仅需足够的水深使其漂浮；沉水植物则水高必须超过植株，使茎叶自然伸展。水边植物则保持土壤湿润、稍呈积水状态。挺水植物因茎叶会挺出水面，需保持50～100cm的水深。浮水植物较麻烦，水位高低需依茎梗长短调整，使叶浮于水面呈自然状态为佳。

（5）疏除。若同一水池中混合栽植各类水生植物，必须定时疏除繁殖快速的种类，以免覆满水面，影响睡莲或其他沉水植物的生长；浮水植物过大时，叶面互相遮盖时，也必须进行分株。

（6）换水。为避免蚊虫孳生或水质恶化，当用水发生混浊时，必须换水，夏季则需增加换水次数。

任务训练与评价

【任务训练】

以小组为单位，利用周边水体，设计水体绿化，繁殖相应的水生植物，并栽植运用到相应的水体绿化中。通过养护管理，达到设计效果。

周边没有水体条件的，可以盆栽碗莲，用于校园绿化。

【任务评价】

根据表9-9中的评价标准，进行小组评价。

表9-9　任务评价表

项目	优良	合格	不合格	小组互评	教师评价
选择植物	适合对应的水体或水体的位置	选择的植物能在对应的水体中正常生长	选择的植物不适合对应的水体深度或流速		
栽植植物	繁殖方法正确，栽植技术及栽植地点选择正确，适合植物的生长	保证植物栽植成活	繁殖成活率低		
养护效果	植物健康生长，栽植利于观赏	保证植物健康生长	植物枯黄、病变、稀疏，观赏效果差		

知识拓展

沉水植物的舞台——水族箱

一、水族箱的定义

水族箱是用来饲养热带鱼或者金鱼的玻璃器具，起到观赏的作用。水族箱又称为生态鱼缸或水族槽，是一个动物饲养区，通常至少有一面为透明的玻璃及高强度的塑料。

二、水族箱的分类

水族箱按水含盐量多少分为淡水或咸水（或称海水）；按温度分为热带或低温；按摆放形成分为立壁式、立体式；按观赏角度分为平视、俯视、仰视。

三、水族箱造景分类

水族箱选景可以分为鱼为主，岩石为辅；鱼为主，水草为辅；水草为主，鱼为辅；鱼景结合4种。

四、水族箱的造型风格（如图9-43～图9-49所示）

五、水草的选择（如图9-50所示）

衬景用水草：高大、速生型水草，既不会妨碍低矮植物，又不占用鱼的活动空间，还给胆小鱼提供了庇护场所。

前景用水草：缓生型水草，类似于公园草坪观赏用水草，本身具有很高的观赏价值，叶片宽大，颜色多样，姿态华丽（养殖难度大）。

点缀用水草：浓密性水草，常布置在四周假山空隙。

遮阳降温用水草：漂浮类水草。

图9-43　热带雨林式

图9-44　沙漠枯石式

图9-45　广阔平原式

图9-46　山峦起伏式

图9-47　海底珊瑚礁

图9-48　主题乐园式

图9-49　田园风光式

图9-50　沉水植物

任务9.3 无土栽培

【任务目标】 1. 能陈述无土栽培的原理。
2. 分析不同植物特点，选择无土栽培方法。
3. 能配制植物无土生长所需要的营养液。
4. 通过各种栽培措施，确保植物质量。

【任务分析】 1. 寻找到一种代替土壤支撑作用的基质，支持植物生长，维持根系养分、水分的代谢。
2. 人为地配制营养液，为植物生长提供必需的营养成分，运用各种栽培措施，确保植物质量。

【任务描述】 离开自然土壤的束缚，用人工营养液为植物生长提供养分，用优选的基质作为植物生长的支撑，虽然一次性投资大，但可以减少病虫害，节约土地，让植物生长均衡，品质优良，是现代园林中的一种很好的栽植方式。

相关知识：无土栽培概述

一、为什么可以无土栽培

（1）土壤的作用。土壤具有支撑植物，提供养分，提供有益微生物，实现光、热、水、肥、气再分配的作用。

（2）土壤带来的问题。由于土壤而带来的问题主要有移动性差，病虫害多，均衡度难保障、生长条件不均衡，土壤板结、通气性差，耕作耗劳动力等。

鉴于上述内容，只要人为提供支撑物和充分营养的营养液就可以进行无土栽培。

图 9-51　无土栽培

二、无土栽培的特点

无土栽培的优点主要有减少病虫害，减少水分、养分流失，降低劳动强度，利于美化环境、减少土壤污染，可工厂化、标准化生产，扩展种植空间等（如图 9-51 ～图 9-54 所示）。

无土栽培的缺点主要有无生物生长必需的有益微生物，如共生的菌根、根瘤菌等；一次性投入高；不适合用于大型乔木等；人为因素的依赖。

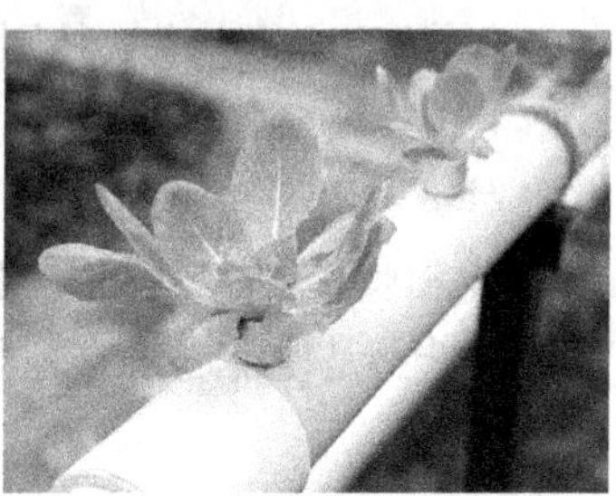
图 9-52　干净的管状无土栽培

三、无土栽培的营养液

1. 主要配方

（1）通用配方：该配方氮磷钾配比适中，大多植物都能完成整个生命周期。

（2）观叶植物配方：该配方氮素比例稍高，能促使观叶植物茎叶迅速生长。

（3）观花、观果植物配方：该配方养分全面，特别适合果类蔬菜和观花、观果植物生长，能保证苗期的营养生长，又能在花果期促使花果生长（如图9-55所示）。

图9-53 重叠式无土栽培可扩展空间

图9-54 输液管不会滋生杂草

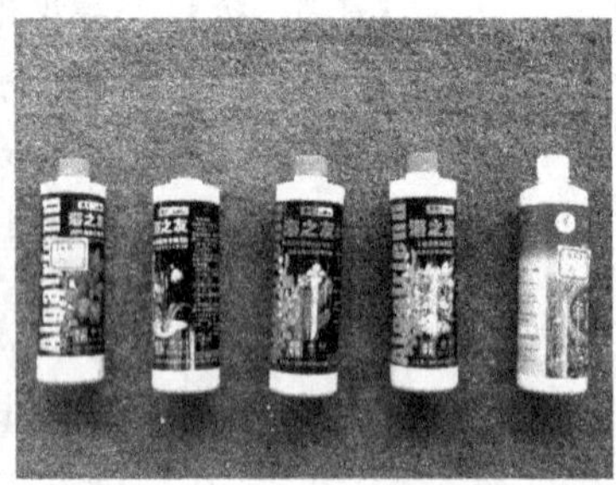
图9-55 各种营养液

2. 营养液的浓度

营养液的浓度多为0.1%～0.3%，不同花卉所需营养液浓度见表9-10。

表9-10 不同花卉所需营养液浓度

营养液浓度	花卉
0.15%	杜鹃、秋海棠、仙人掌、蕨类
0.15%～0.2%	仙客来、小苍兰、非洲菊、风信子、鸢尾、百合、水仙、蔷薇、郁金香
0.2%	彩叶草、马蹄莲、龟背竹、大丽花、香豌豆、昙花、唐菖蒲
0.2%～0.3%	文竹、红叶甜菜、香石竹、天竺葵、一品红
0.3%	天门冬、菊花、茉莉、水芋、荷花、八仙花

3. 营养液的注入

营养液注入要均匀，特别是水培时，要设计多个注入点，流水培时也可以改变水流方向。

4. 营养液配制的用水

对于淡水，其中的硬水因钙、镁离子多，不可用；软水如河水、池水、雨水，可以使用。自来水中含有氯化物，放置数小时后使用，或加入少量乙二胺四乙酸钠后使用。一般较好的选择是使用过滤的河水、池水。

5. 营养液的温度（见表 9-11）

表 9-11　不同花卉所需营养液温度

营养液温度	花　　卉
低温10～12℃	甜菜、郁金香、金合欢
中温15～23℃	大多数植物
高温25～30℃	水芋、玉莲、热带花卉、仙人掌

6. 营养元素的消耗和补充

（1）水的补充：8 ～ 14 天内，营养液主要以水分蒸腾和流失消耗为主，这段时间不仅补充水分，也要控制调节 pH 。

（2）营养液的补充：1 ～ 2 周后，植物已经消耗了一部分营养液中的养分，我们应该在 2 ～ 3 周补充一次 0.1% 以下浓度的营养液。

（3）营养液的更换：4 ～ 6 周后，营养液虽然仍有部分矿物质养分，但由于植物吸收养分的不均匀性，且时间过久，营养液会滋生各种藻类，甚至存有病菌，必须及时更换（如图 9-56 所示）。

图 9-56　水培君子兰

活动 1　无土栽培的方法

【活动目标】

1. 能理解无土栽培的原理。

2. 能人为地选用代替土壤支撑作用的基质和营养液。

【活动描述】

摈弃土壤即失去了支撑的基础、养分的来源，这些都需要人为的替代。其工作流程如下：

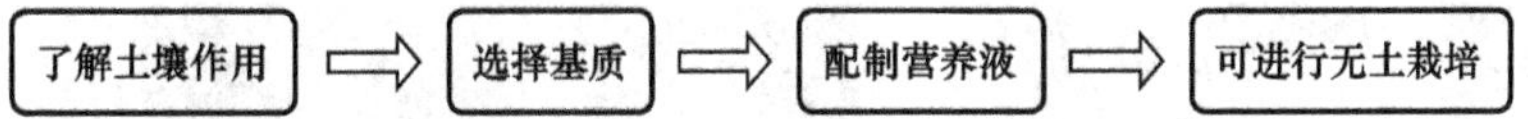

【活动内容】

一、常用无土栽培方法

（1）水培法：直接将园林植物栽植于水体（营养液）中，根系生长于水中，没有基质，直接用支架或泡沫板支撑植物的方法（如图 9-57 所示）。

（2）基质法：将园林植物栽植在人工选择的基质中，依靠基质作根系或植株的支撑的方法（如图 9-58 所示）。

（3）雾培法：将园林植物的根系悬挂，将雾状营养液喷施于根部的培养方法（如图 9-59 所示）。

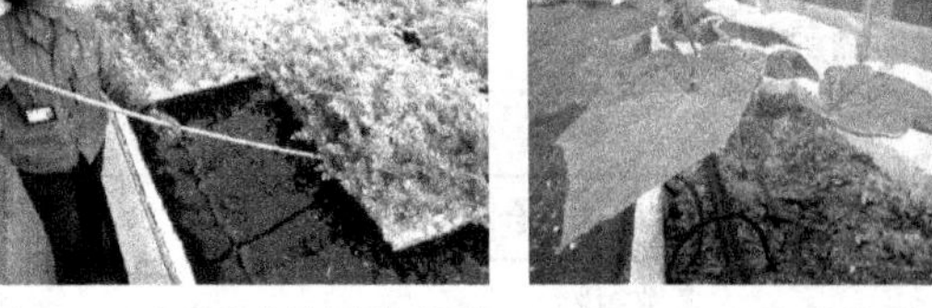

图 9-57　漂浮式的无土栽培　图 9-58　基质培养　图 9-59　两种雾培法

二、无土栽培的基质

1. 要求

（1）基质与营养液接触时，不溶解，结构稳定，无腐殖质、病菌等。

（2）有良好的通气性，多孔结构，透水，保肥能力好。

（3）不与营养液化学反应，不产生营养液中的营养成分，无有毒物质。

（4）有一定重量，保持盆钵的稳定性。

（5）可以多次反复利用。

2. 常用基质种类特点

（1）鹅卵石、石砾（如图 9-60 所示）、玻璃球。其优点是结构稳定、均一，大小丰富。缺点是无多孔保水性，无保水保肥性，质过重。

（2）沙子。优点是透水，透气，疏松；缺点是过小，随水流动，无保肥保水性。

（3）蛭石、珍珠岩等。优点是多孔，保肥保水；缺点是价格高，质量过轻。

（4）锯末、秸秆、椰壳、花生壳等。优点是多孔，保肥保水；缺点是部分腐熟，不能多次使用。

（5）塑料高分子纤维、石棉等（如图 9-61 所示）。优点是透水，透气，疏松，理化性质好；缺点是价格高。

（6）人造陶粒、多孔载体（如图 9-62、图 9-63 所示）。陶粒人工制造，大小均匀并可染色；内有微孔，利于保肥保水；重量适中，运用广泛，但价格较高。

图 9-60　石砾　图 9-61　高分子基质　图 9-62　水晶粒　图 9-63　陶粒

3. 基质的配合和消毒

各种基质各具特点，在大规模花卉生产中，大多按一定比例配合使用，使基质兼具保肥保水、疏松透气、质轻价廉且有一定稳定性的特点。

基质的消毒方法如下。

（1）蒸汽消毒。用 800 ～ 900℃的蒸汽对装有基质的密闭容器蒸熏 15 ～ 20 分钟。

（2）药物消毒。将甲醛、氯化苦、溴化钾等按一定的浓度喷洒入基质中，并用薄膜覆盖一周左右即可。如是以石砾、沙石、鹅卵石为主的基质，可用漂白粉浸泡0.5小时后，冲洗干净即可。

（3）阳光消毒。多用于阳光充足的夏天，摊薄基质（20cm左右），喷水覆膜，暴晒10～15天。

任务训练与评价

【任务训练】

以小组为单位，每组分配数盆盆栽花卉，要求学生根据花木习性，选择适当的基质和容器，做无土花卉盆栽实验。

【任务评价】

根据表9-12中的评价标准，进行小组评价。

表9-12 任务评价表

项目	优良	合格	不合格	小组互评	教师评价
容器选择	容器美观，大小适合，结构适应植物生长和无土栽培	能选择基本适应无土栽培要求的容器	容器过小，或稳固性差		
基质选择	基质有一定的保肥保水性、稳定性和透气性	基质能适合无土栽培植物的生长	基质不稳定，或产生对植物有害的物质		
苗木无土栽植	步骤正确，在尽量保护苗木根系的同时，完全清除淤泥	步骤正确，苗木无致命性伤害	步骤不正确，苗木出现较大伤害		

活动2 无土栽培的营养液配制及施用

【活动目标】

1. 能配制保证不同植物生长所需要的多种营养液。
2. 能科学地施用培养液，保证植物正常生长。

【活动描述】

无土栽培营养液的配制及施用工作流程如下：

【活动内容】

一、营养液的配制方法

图 9-64　营养液的配制

可直接配制营养液立即使用或配制高浓度母液备用。为减少反应，母液多分 A、B 液，使用前再混合稀释，配制方法如下。

步骤一：计算称量，根据百分比和计划配制量计算出各种肥料的量；

步骤二：分别温水溶解；

步骤三：顺序加入，混合到总量（这里的总量是指计划配制量）的 75% 水中；

步骤四：调节 pH；

步骤五：加水到计划配制量总量（如图 9-64 所示）。

二、管理工作中的细节

1. 氧气的保障

无土栽培技术的关键点之一在于苗木根系氧气的供给。

（1）留气室。在苗木根系和营养液水面之间应该有一定空间，称之为气室，要求液面保持在一定高度以下，以利氧气的充足，根系生长（如图 9-65、图 9-66 所示）。

（2）疏松的基质。利用基质的透气性保障根系的氧气。

（3）流动的营养液。流动过程中营养液会溶入大量的氧气。

（4）气泵向营养液注氧。

2. 铁元素的补充

日光、温度高，会引起铁沉淀，造成铁的流失，要注意补充，但铁过多对植物也有害。

3. 防止藻类的滋生

营养液富含营养，见光容易产生藻类。生产上多用避光的方法防止藻类产生。

4. 基质的消毒

基质在使用前应该消毒，用药物方法或物理蒸汽及高温翻炒均可。

全自动电脑控制的无土栽培营养液的循环系统如图 9-67 所示。

图 9-65　留气室

图 9-66　水培的仙人球

图 9-67　全自动水培箱原理及演示

三、水培花卉营养液配方介绍

一般都是使用市场上出售的水培专用营养液，按说明书来配出合适的浓度。配制的时候，要把自来水放置2小时以上，等它的温度接近室温、水中的氯气等挥发干净以后，再按比例加入浓缩营养液，即配制成用于水培植物的营养液。配制营养液的注意事项：配制营养液用玻璃、搪瓷、陶瓷等容器，切忌用金属容器。配制时最好先用50℃左右的少量温水将上述配方中所列的无机盐分别溶化，然后再按配方中所列的顺序逐个倒入装有相当于所定容量75%的水中，边倒边搅动，最后将水加到全量（1升），即成为配好的营养液。使用自来水配制营养液时，静置半天后加入少量的腐殖酸化合物来处理水中的氯化物和硫化物。调整营养液的酸碱度：用pH试纸测定自来水的pH为碱性时，应用磷酸来中和；如测定的结果显示酸性较强时，则滴加氢氧化钠中和，使之呈中性或微酸性。为了方便家庭养花选择适宜的营养液，汇编了一些营养液配方，供大家选择试用。

1. 使用最普遍的花卉营养液

配方1：硝酸钾0.7g/L、硼酸0.0006g/L、硝酸钙0.7g/L、硫酸锰0.0006g/L、过磷酸钙0.8g/L、硫酸锌0.0006g/L、硫酸镁0.28g/L、硫酸铜0.0006g/L、硫酸铁0.12g/L、硫酸铵0.0006g/L。

用法：使用时，将各种化合物混合在一起，加水1L，即成为营养液，直接浇花。用量大时，按比例随对随用。

配方2：尿素5g、硫酸钙1g、磷酸二氢钾3g、硫酸镁0.5g、硫酸锌0.001g、硫酸铁0.003g、硫酸铜0.001g、硫酸锰0.003g、硼酸粉0.002g，加水10L，充分溶解后即成营养液。

用法：在盆花生长期每周浇水1次，每次用量根据植株大小而定，如系阳性花卉，每次约浇水100mL，而阴性花卉酌减。冬季或休眠期，每月1次，平时浇水仍用自来水。

2. 汉普营养液配方

每升水中加入下列元素：硝酸钾0.7g，硝酸钙0.7g，过磷酸钙0.8g，硫酸镁0.28g，硫酸铁0.12g，微量元素硼酸0.6mg，硫酸锰0.6mg，硫酸锌0.6mg，硫酸铜0.6mg，钼酸铵0.6mg。这个配方的pH为5.5～6.5。

3. 霍格兰氏（Hoagland's）营养液配方

霍格兰氏配方：磷酸铵115mg/L，硫酸镁493mg/L，铁盐溶液2.5mg/L，微量元素5mg/L，pH=6.0。

改良霍格兰配方：四水硝酸钙945mg/L，硝酸钾506mg/L，硝酸铵80mg/L，磷酸二氢钾136mg/L，硫酸镁493mg/L，铁盐溶液2.5ml，微量元素液5ml，pH=6.0。

铁盐溶液：七水硫酸亚铁2.78g，蒸馏水500ml，乙二胺四乙酸二钠（EDTA.Na）3.73g，pH=5.5。

微量元素液：碘化钾0.83mg/L 硼酸6.2mg/L，硫酸锰22.3mg/L，硫酸锌8.6mg/L，钼酸钠0.25mg/L，硫酸铜0.025mg/L，氯化钴0.025mg/L。

4. 莫拉德营养液配方

A液：硝酸钙125g、硫酸亚铁12g。以上加入到1kg水中。

B 液：硫酸镁 37g；磷酸二氢铵 28g；硝酸钾 41g；硼酸 0.6g；硫酸锰 0.4g；硫酸铜 0.004g；硫酸锌 0.004g。以上加入到 1kg 水中。

5. 格里克基本营养液

配方 1：硝酸钾 0.542g/L，硝酸钙 0.096g/L，过磷酸钙 0.135g/L，硫酸镁 0.135g/L，硫酸 0.073g/L，硫酸铁 0.014g/L，硫酸锰 0.002g/L，硼砂 0.0017g/L，硫酸锌 0.0008g/L，硫酸铜 0.0006g/L。

配方 2：硝酸钙 1.18g/L，硫酸镁 0.49g/L，硝酸钾 0.51g/L，氯化铁 0.005g/L，磷酸二氢钾 0.14g/L。

配方 3：硝酸钙 0.95g/L，硝酸钾 0.6lg/L，硫酸镁 0.49g/L，氯化铁 0.005g/L，磷酸二氢氨 0.12g/L。

6. Knop 营养液

配方：硝酸钙 0.8g/L，硫酸镁 0.2g/L，硝酸钾 0.2g/L，磷酸二氢钾 0.2g/L，硫酸亚铁微量。

最简单配方：北方地区，也可使用在 1L 水中加磷酸铵 0.22g，硝酸钾 1.05g，硫酸铵 0.16g，硝酸铵 0.16g，硫酸亚铁 0.01g 的简易配方配成的营养液。

营养液配方是无土栽培成功的另一个关键因子，不同的种类对营养的需求各不相同，即每种花卉都有其最佳的专用营养液配方，但每一配方在不同的地区要根据当地的水质情况进行改良才能有更好使用的效果。在营养液配制中，要特别注意的是 EC 值和 pH 值的调节，提倡螯合技术。

7. 自己配制的配方

水培营养液的配制可以用市场上出售的肥片或配制的化学肥料。如有条件可自己配制，其配方如下。

配方 1（pH6 ～ 6.5）：磷酸二氢钾 0.44g/L；硫酸钾 0.14g/L；硝酸钙 0.59g/L；硝酸铵 0.19g/L；硫酸镁 0.53g/L；微量元素 2mL；Fe-EDTA2mL。

配方 2（pH6 ～ 65）：硝酸钙 1.64g/L；硫酸镁 0.98g/L；硝酸钾 1.01g/L；微量元素 2mL；磷酸二氢钾 0.27g/L；Fe-EDTA2mL。

微量元素液配制方法：硼酸 2.86g，氧化锌 0.11g，氯化锰 181g，二氯化铜 0.05g，钼酸钠 0.025g。以上药品用 800mL 水溶解，再定溶至 1000mL。

任务训练与评价

【任务训练】

以小组为单位，完成无土栽培盆栽植物的养护管理工作。特别注意营养液配制和施用相关操作。

【任务评价】

根据表 9-13 中的评价标准，进行小组评价。

表 9-13　任务评价表

项目	优良	合格	不合格	小组互评	教师评价
营养液配制	称量准确，步骤正确，技术规范，配制成功	能配制植物正常生长需要范围内的营养液	配制中出现沉淀，养分配比失当		
营养液补充及水分管理	能把握适当时间进行日常水分补充、稀释营养液的加入、营养液的更换	营养能基本满足植物生长	营养液补充过多，造成浪费和植物畸形，或养分不足，植物生长不良		
其他日常养护	能定期转盆，及时去枯枝败叶，温度、光照调控满足植物健康生长	基本保证植物的正常生长	滋生藻类或因光温控制不当而引起植物枯黄等生长不良现象		

知识拓展

无土栽培浓度的几种表示方法及折算

营养液浓度是指在一定重量或一定体积的营养液中，所含有的营养元素或其他化合物的量。营养液浓度的表示方法很多，常用一定体积的溶液中含有多少营养元素或其他化合物的量来表示其浓度。

化合物重量 / 升（g/L，mg/L），即每升营养液中含有某种化合物的重量，重量单位用克（g）或毫克（mg）来表示。例如，汉普营养液配方中硝酸钾 0.7 克，硝酸钙为 700mg/L（0.7 g/L）即表示按这个配方所配制的营养液，每升营养液中含有硝酸钾、硝酸钙均为 0.7 克。按这种表示法可以直接称量化合物，进行营养液的配制，故这种表示法通常称为工作浓度或操作浓度。

元素重量 / 升（g/L，mg/L），即每升营养液中含有某种营养元素的重量，重量单位通常用毫克（mg）表示。例如，某营养液配方中含 N 为 210mg/L，指该营养液每升中含有氮元素 210mg。这种营养液浓度的表示方法在营养液配制时不能够直接应用，因为实际操作时不可能称取多少毫克的氮元素放进营养液中，只能称取一定重量的氮元素的某种化合物的重量。因此，在配制营养液时要把单位体积中某种营养元素含量换算成为某种营养元素化合物的量才能称量。在换算时首先要确定提供这种元素的化合物，然后再根据该化合物所含该元素的百分数来计算。例如，某一营养液配方中钾的含量为 160mg/L，而其中的钾由硝酸钾来提供，因硝酸钾含钾为 38.37%，则该配方中提供 160mg 钾所需要硝酸钾的数量 =160mg÷38.37%=416.99mg。

摩尔 / 升（mol/L），即每升营养液含有某物质的摩尔数。某物质可以是元素、分子或离子。1mol 的值等于某物质的原子量或分子量或离子量，其质量单位为 g，由于营养液的浓度都是很稀的，因此，常用毫摩尔 / 升（mmol/L）来表示浓度，1 mol/L=1000mmol/L。以摩尔或毫摩尔表述的物质的量，配制时也不能直接进行操作，必须进行换算后才能称取。换算时将每升营养液中某种物质的摩尔数（mol）与该物质的分子量、离子量或原子量相乘，即可得知该物质的用量。例如，2 mol/L 的硝酸钾相当于硝酸钾的重量 =2 mol/L×101.1g/mol=202.2g/L。

任务9.4 容器栽植

【任务目标】 1. 能区别不同质地、结构花盆的功能特点。

2. 通过分析不同的工作要求，根据不同容器的特点、植物习性，选择不同质地、大小的容器来完成栽培任务。

【任务分析】 1. 要选择一定的容器来栽植植物，必须首先了解不同容器的功能、质地特点和容器栽植的优缺点。

2. 用容器栽植植物，便携利于移动的同时带来了根系生长空间的限制，营养有限等弊端，形成了对人工养分和水分供给的依赖，必须通过恰当的养护管理措施，才能保证植物的健康生长。

【任务描述】 将植物种植到质地各异、功能不同、形状丰富的容器中，立刻让“固定生长”的植物具有了移动性，这在现代园林绿化中运用极为广泛。“寸土寸金”的城市需要绿化美化，但是不允许占用大面积的土地来进行培育，必须在郊区苗圃进行容器栽植生产，达到观赏要求以后，再“移动”到城市中来。

相关知识：容器栽培特点及栽培养护

一、容器栽培的特点

在现代园林栽培中，各种容器的运用越来越广泛，几乎渗透到了园林生产、销售、观赏的各个方面。

1. 优点

（1）容器栽植的最大优点是让植物具有了移动性，方便运输、摆放、配置、买卖销售。在现代城市中，土地昂贵，但人们又有绿化美化环境的强烈需求，因此，在郊区生产，为成苗后运输到观赏地摆放配置提供方便。

（2）容器育苗栽种过程中，定植后，根系受损伤少，成活率高、缓苗期短、发棵快、生长旺盛。

（3）容器栽植还为机械化、自动化操作的工厂化生产提供了便利。

（4）临时性强，可以将难以在北方越冬的植物于春夏秋观赏。冬天集中大棚越冬。

2. 缺点

（1）成本增加。容器本身需要一定成本，而且还涉及培养土的配制、肥料等。

（2）容器将植物根系限制在一个狭小的范围内，根系生长受到限制。

（3）容器中的植物所需要的养分除了来自于人工配制的培养土外，还需要人工肥水保证，形成了对人为管理的依赖。

（4）根据不同的容器和植物的不同生长时期，容器栽植需要一定的技术支持。

二、植物与容器的对应选择

图 9-68 极具观赏性的花盆

1. 容器的特性

（1）物理特性：重量、透气性、硬度。

（2）观赏性：形态、质地、色彩（如图 9-68 所示）。

（3）经济性：价格、耐用性、性价比。

（4）环保性：来源、使用前、使用后对环境的影响。

2. 植物的要求

（1）根系的保护：稳定性、硬度。

（2）有利于生长：透气性、大小、比例、深度。

（3）有利于管理：松土、除草、搬运等。

活动 1 容器的种类

【活动目标】

1. 能认识不同种类的容器，了解其特点。
2. 能根据不同的栽植植物和栽植目的，选择不同的容器。

【活动描述】

不同的容器有不同的性质，应根据不同的栽植目的，进行有针对性地选择。其工作流程如下：

【活动内容】

一、容器的种类及特点

1. 传统容器

（1）瓦盆（素烧盆）、陶盆：透气、价廉、沉重、朴素。

（2）釉陶盆、瓷盆：美观、沉重、不透气、价高。

（3）石盆、木桶：透气，因为材质不同价格差别大。

（4）紫砂盆：价高、素雅、美观、微透气、名贵。

（5）帆布容器：透气透水，质轻价廉，不定形（如图 9-69 所示）。

2. 现代容器

（1）玻璃盆：不透气、透明，可以看到根系或彩色基质（如图 9-70 所示）。

（2）塑料盆：不透气，但具有质轻、价廉、色彩和造型丰富、耐用、可回收等优点，是现代应用最广泛的容器（如图 9-71 所示）。

（3）金属盆：不透气、牢固。

（4）生物降解花盆：纸质、草质、秸秆、椰棕等有机废料加黏合剂制成，在土中可分解（如图 9-72 所示）。

（5）多孔花盆：利用空气修剪根系，多发须根，利于成活。

图 9-69　帆布容器

图 9-70　玻璃容器

图 9-71　塑料盆

图 9-72　生物降解花盆

二、现代新型容器的特点

（1）方便管理。如暗藏储水槽的懒汉花盆（如图 9-73 所示）。

（2）利于观赏。充分利用空间，提高观赏角度的贴墙花盆（如图 9-74 所示）。

（3）利于生长。全是孔洞、利于须根萌发的控根容器（如图 9-75 所示）。

（4）利于环保。无壁容器，泥炭压缩块（如图 9-76 所示）。

图 9-73　懒汉花盆

图 9-74　可粘贴在玻璃上的花盆

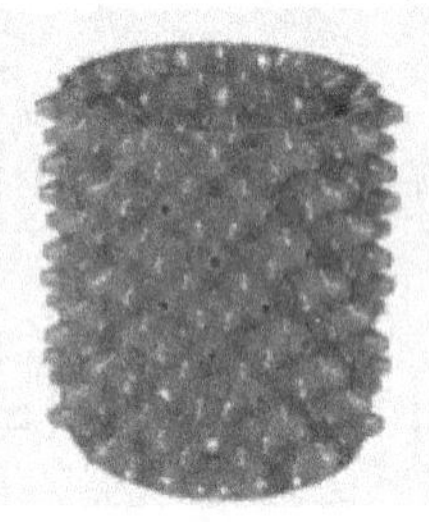

图 9-75　多孔的控根容器

图 9-76　没有容器的泥炭块

任务训练与评价

【任务训练】

以小组为单位，搜集现有常用的各种植物栽植容器（10 种以上），就其物理特性、观赏性、经济性、环保性和是否适合植物生长作调查和评估，并填写表 9-14。

表 9-14　栽植容器收集表

物理特性			观赏性			经济性			环保性			是否适合植物生长
重量	透气性	硬度	形态	质地	色彩	价格	耐用性	性价比	来源	使用前	使用后	

【任务评价】

根据表9-15中的评价标准，进行小组评价。

表9-15 任务评价表

项目	优良	合格	不合格	小组互评	教师评价
参与态度	积极参与调查统计	能认真参加	有缺席现象		
资料准确性	资料来源明确，信息准确	能认真调查，资料基本准确	资料信息多为主观臆断，未认真调查		
结论的正确性	结论有说服力，对容器生产有指导性	结论符合常理和常识	结论有悖常理		

活动2 容器栽植及管理

【活动目标】

1. 能对容器栽植苗木进行各种目的的管理，通过各种措施，保证容器植物的正常生长。
2. 能充分运用各种不同的容器栽植植物，达到相应目的。

【活动描述】

容器栽植提高了苗木的移动性，但容器栽植也有根系生长空间变小、养分水分需要对人的依赖性加强的特点。其工作流程如下：

配制养分充足的培养土 ⇨ 选用适当的容器 ⇨ 养护管理

【活动内容】

一、容器栽植的方法

1. 容器选择

容器选择应以大小、质地、形状等适合植物及栽培目的为前提。

（1）大小选择：盆口大小与茎径或冠幅呈正比。盆口大小与植物习性对应：带球栽植的苗木，土球应小于盆口2～4cm；不带土球，根系充分伸展为度。

（2）质地选择：一般盆栽：多年生木本选用瓦盆，一、二年生草本选用塑料盆；租摆木本植物选用瓷或釉盆；盆景、名贵花木选用紫砂盆；大型植株选用木桶。

（3）形状选择：深根植株选筒盆；浅根植株选坦盆；方盆利摆放，圆柱形的盆利根长；兰盆多孔利排水，水仙盆广口，无排水孔，利水养；批量繁殖运用穴盘（如图9-77所示）。

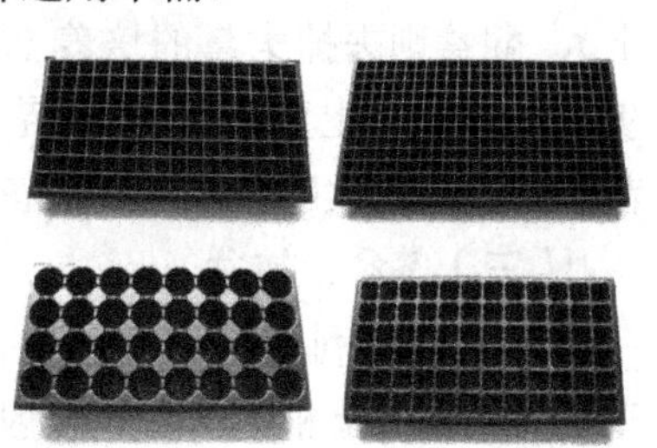

图9-77 各种孔径的穴盘

2. 培养土配制方法

根据栽种植物习性的差异、培养土用途的不同，培养土成分也有较大的区别，例如用于繁殖和用于栽培的培养土就有较大的区别，但主要仍由三大部分组成，即土壤类、腐殖质类和肥料。

（1）土壤类：根据植物习性，选择不同质地的土壤，有砂土、砂壤土、轻壤土、中壤土、重壤土、黏壤土之分，但一般纯砂土和纯黏土园林中很少使用。多就地选用当地园土（长过植物的土壤），通过掺砂、掺粘来调整；也可以通过添加秸秆粉、花生壳、锯木屑等有机粉碎物作填充物来加以改善。土壤类所占比例最多，一般为60%～70%。

（2）腐殖质类：动植物残体和动物排泄物在土壤中经微生物分解而形成的有机物质，是一种复杂的高分子化合物，具有改善土质，形成良好的土壤结构，维持良好的微生物环境的多重作用，在培养土中极其重要，可适当增加，但成本较高，一般用秸秆沤制或堆制形成。腐殖质类所占比例一般为20%～30%。

（3）肥料：以有机肥和缓效磷肥为主，所占比例不能过大，一般小于10%，否则会烧苗。

将以上3种成分混合，一般采用人力混合和机械混合，要求尽量均匀。

二、容器的栽植

（一）上盆、脱盆

上盆是指将花苗植入花盆的过程。在准备好培养土、适当的花盆后，按如下步骤操作。

步骤一：新盆退火、旧盆洗净；步骤二：垫排水孔，用瓦片或丝网（可以用石子作排水层）；步骤三：填培养土，填入1/2～2/3盆高的培养土；步骤四：上苗，方法是在盆土中挖穴，让根系伸展，再填土至盆沿下2～3cm，中高边低。

后续工作：浇水以利苗土结合，并将花盆置于阴处或作遮阴处理。

脱盆是指将花苗从花盆中取出（如图9-78所示）。多滚动花盆，盆土与盆壁分离后拉扯；或利用排水孔用硬物抵出。

图9-78　兰花脱盆

（二）翻盆、换盆

翻盆是指培养土养分耗尽，需换入新的培养土（如图9-79所示）。换盆是指花盆过小或不利于观赏时，需换大的或其他花盆。

它们的操作步骤相同。步骤一：将花苗从花盆中取出。大型及多年生苗木可于地上反复滚动，让培养土与盆体分离，并用硬物从排水孔戳推盆土，帮助脱盆。步骤二：苗木整理。去掉部分枯病以及板结的老根，这时，换盆仅去掉少量培养土（主要为表土和底土），翻盆则去掉大量的培养土。步骤三：上盆。其步骤同前述“上盆”，但翻盆苗木上入原盆，而换盆苗木则上入更大的盆钵或其他花盆。

图9-79　翻盆

（三）签盆、转盆

签盆是指利用花铲或竹签，签松表土，除去杂草，签断部分老根的方法。一般施肥前必须进行。

转盆，就是在花卉生长期间经常变换盆花的方

向，调整光照，防止出现偏冠等现象。植物生长期周期性进行。

三、容器栽植的养护

容器栽植后对植物的影响：根系生长空间限制和养分、水分来源局限（如图 9-80 所示）。

1. 浇水

（1）浇水原则。因种而异、因时而异。

（2）浇水量。间干间湿、干透浇透。

（3）浇水时间。春夏秋在上午 10 时前，冬季在午后 14 时后浇水。

（4）空气湿度的调节。

（5）忌讳。不要在夏天中午浇水以及拦腰水。

图 9-80　结实廉价的布袋花盆

2. 施肥

和地栽管理施肥差异不大，此处不再赘述，仅要求大家注意容器栽培对人为施肥更为依赖，并注意以下施肥事项。

（1）追肥原则：“薄肥勤施”。

（2）有机肥、化肥配合施用 。

（3）施肥的针对性：植物需要的元素、时期、pH、浓度。

（4）施肥的方式：追肥、基肥、叶面施肥等各种形式。

任务训练与评价

【任务训练】

容器栽培是园林植物栽培的主要形式之一，其中很多以小组为单位的园林植物栽培训练任务，均以容器栽培形式进行。本任务训练可融入不同栽培目的的完成，如：以促进生根为目的的控根容器栽植；以组织培养幼苗过渡性栽培为目的的炼苗；以生产为目的的花卉繁殖等，其训练要点是容器栽植后植物根系在空间上的限制，而产生的对人为养分提供和管理的依赖。

【任务评价】

根据表 9-16 中的评价标准，进行小组评价。

表 9-16　任务评价表

项目	优良	合格	不合格	小组互评	教师评价
责任心	能将容器栽培所需管理措施形成制度，各个时期有专人管理和特定技能的维护	有一定责任心，能周期性地进行管理	容器栽植苗木出现肥水缺乏而引起的病变		
管理技术及方法	能根据栽植植物的习性，采用各种技术手段，达到容器栽培目的	肥水技术合格，满足植物生长需要	管理失当，植物出现肥水缺乏现象		
管理效果	能保证植物健康生长，并达到栽培目的	能保证植物正常生长	植物生长不良		

知识拓展

控根容器(多孔花盆)的原理

控根快速育苗容器是由底盘、侧壁和插杆3个部件组成。底盘的设计对防止根腐病和主根的缠绕有独特的功能。侧壁为凹凸相间的半圆形，外侧凸起的半圆形顶端均有透气小孔（如图9-81所示）。

大家都知道根系的吸收能力与根的粗细、长短无关，主要是与根尖的数量呈正比；大多数植物的根在空气中不能生长（气生根多无根毛，不具吸收能力）。

控根器多孔，根系沿盆孔生长，在该容器中生长的植物，根尖遇空气受阻死亡，则刺激其产生新的侧根，多发须根，多产生具有吸收功能的根，如此反复。吸收须根数量明显增多，总根量较常规育苗提高了30～50倍，具有明显的增根、控根和促使苗木快速生长的功能（如图9-82所示），可以达到苗木移植零死亡，甚至无复壮期的效果。

控根器栽培管理的要点是肥水的准确控制，浇水量要满足植物生长必需，水分自然损耗，又不能从众多的孔洞流出。

培养土配制中，保障优良的保水性和保肥性也是重点之一。

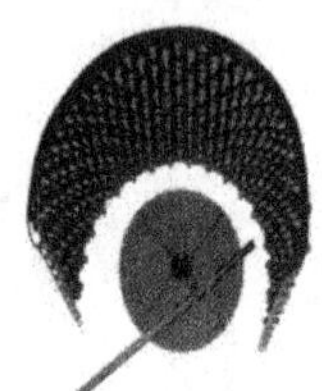
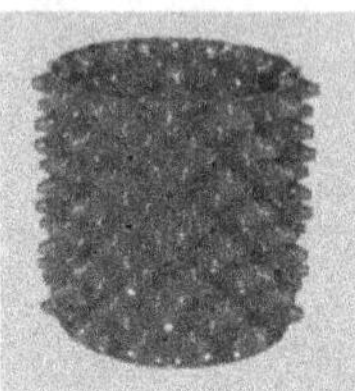

图9-81　全是孔洞的控根容器

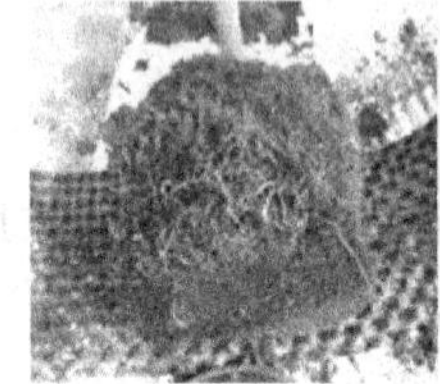
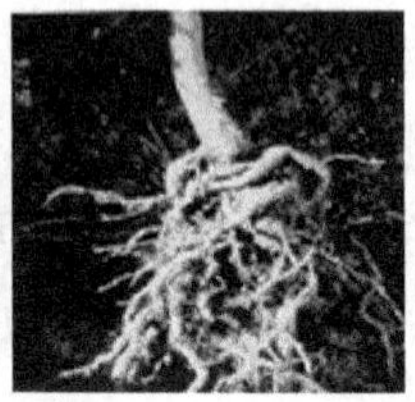

图9-82　根系对比

项目 10

特殊类型的园林植物栽培与养护

教学指导 ☞

项目导言

在园林中有一些特殊类型的园林植物，它们在功能、习性、用途、树龄方面有特别之处，形成极具特色的园林景观，在园林中运用还相当广泛。园林工、花卉工在对这些类型植物的栽培养护时，能提出具体的管理养护要求，措施上要有相应的变化。

项目目标

1. 能陈述地被和草坪植物在园林中的功能，并根据此类植物的特性，作栽培技术的调整，完成养护工作。
2. 能针对古树名木在园林中的地位，按此类植物的特点作栽培技术的调整，完成养护工作。
3. 能分析竹类、棕榈类植物的园林功能和生长习性，在园林中适当利用，并作栽培技术的调整，完成养护工作。

任务 10.1 地被植物的栽培与养护

【任务目标】1. 分析地被植物的绿化特点和植物习性要求，选择适当的园林地被植物进行繁殖，用于园林绿化，并对应加强养护管理。

2. 分析草坪植物的绿化特点和环境气候要求，按地区选择适当的草坪植物进行繁殖、铺设，并对应加强养护管理。

【任务分析】所谓“地被”，乃大地之被，要求植物密植、低矮，覆盖地面。我们应选择适宜的植物加以繁殖、运用，并对应加强养护管理，达到保护性和观赏性双重提高的要求。

【任务描述】“黄土不见天”是城市减少灰尘的要点，其方法主要以土面硬化和覆盖草坪或地被植物为主。过多的土面硬化会影响水分的渗透，雨季会对城市排水系统产生压力，经常造成积水现象。而地被植物和草坪的覆盖可以美化环境，加快渗透，涵养水分，其环保意义重大。

相关知识：地被植物的要求与配置

所谓地被植物，是指某些有一定观赏价值，铺设于大面积裸露平地或坡地，或适于阴湿林下和林间隙地等各种环境覆盖地面的多年生草本和低矮丛生、枝叶密集或偃伏性或半蔓性的灌木以及藤本植物。

地被植物植株低矮，在园林中可大面积铺设，并能修饰成模纹图案，增加绿地的观赏性，环保性强，视线好（如图 10-1 所示）。

一、地被植物的筛选标准

地被植物在园林中所具有的功能决定了其选择标准。一般来说，地被植物的筛选应符合以下几个标准。

（1）多年生，植株低矮，高度不超过 100cm（如图 10-2 所示）。

图 10-1　地被植物的图案美

图 10-2　低矮整齐的地被植物

（2）全部生育期在露地栽培。

（3）繁殖容易，生长迅速，覆盖力强，耐修剪。

（4）花色(叶色)丰富，持续时间长或枝叶观赏性好。

（5）具有一定的稳定性。

（6）抗性强、无毒、无异味。

（7）能够管理，即不会泛滥成灾。

二、地被植物的配置原则

（1）满足配置植物的生长要求，适应当地气候、土壤、光照。利用乡土植物、野生植物，减少养护费用，事半功倍。

（2）满足植物的生态要求，遵循植物群落学规律，乔木、灌木、地被适宜群落组合，景观效果互补，生物习性和生态习性互补。如高大的深根性乔木配以浅根系地被植物，既可以遮阳，又可以防尘，而且两者生长空间互补，没有矛盾，均能健康生长，又能丰富园林景观（如图10-3所示）。

图10-3　地被植物的图案美

（3）满足配置的艺术要求，和谐统一的艺术规律。本身观赏性与环境协调，大空间选择枝叶大的植物，小空间选择细叶植物。混栽配置种类宜少不宜多，高低搭配，对比产生层次感。观赏性状互补，生长期与休眠期互补，注意色彩搭配互补（如图10-4所示），观花、观叶互相衬托。

地被植物以常绿植物为主，自身季相变化不能太大，色彩层次不宜过于精细，管理跟不上就会显得杂乱（如图10-5所示）。

图10-4　地被植物的色彩搭配

图10-5　利用不同色彩的地被植物种植出的图案

活动1　地被植物的种类及繁殖

【活动目标】

1. 能识别常见的地被植物，理解地被植物的特征要求。
2. 能对地被植物进行分类，理解不同类型地被植物的利用特点。
3. 能高效、快速、低成本地繁殖地被植物。

【活动描述】

根据地被植物的要求，选择相应的植物种类，大量繁殖、运用。其工作流程如下：

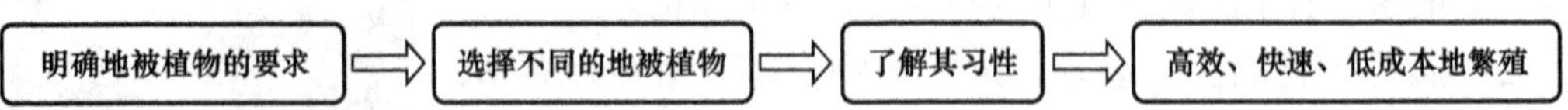

【活动内容】

一、地被植物的分类及识别

地被植物的分布极为广泛，大致可分为以下几类。

1. 草本地被植物（其具体内容在“草坪植物”中重点介绍）

（1）一、二年生草本植物。

（2）多年生草本：其中含草坪。

（3）蕨类植物。

2. 木本地被植物（以常绿低矮或藤性植物为主）

（1）蔓藤类：蔓藤类植物具有常绿蔓生性、攀缘性及耐阴性强的特点。如扶芳藤、常春藤、油麻藤、爬山虎、络石、金银花等。

（2）亚灌木类：亚灌木植株低矮、分枝众多且枝叶平展，枝叶的形状与色彩富有变化，有的还具有鲜艳的果实，且易于修剪造型。常见的有十大功劳、小叶女贞、金叶女贞、红花檵木、紫叶小檗、杜鹃、八角金盘等。

（3）竹类：虽然植物分类中是草本，但竹类木质化高，其中的箬竹匍匐性强、叶大、耐阴；还有倭竹枝叶细长、生长低矮，用于地被配置，别有一番风味。

二、地被植物的习性特点

（1）地被植物个体小、种类繁多、品种丰富。其枝、叶、花、果富有变化，色彩万紫千红，季相纷繁多样，可营造多种生态景观。

（2）地被植物适应性强，生长速度快，可以在阴、阳、干、湿多种不同的环境条件下生长，弥补了乔木生长缓慢、下层空隙大的不足，在短时间内可以收到较好的观赏效果。

（3）地被植物中的木本植物有高低、层次上的变化，而且易于造型修饰成模纹图案。

（4）繁殖简单，一次种下，多年受益。在后期养护管理上，地被植物较单一的大面积的草坪，病虫害少，不易滋生杂草，养护管理粗放，不需要经常修剪和精心护理，减少了

人工养护花费的精力。

三、地被植物的繁殖方法

（1）一、二年生草本：多采用播种繁殖（如图 10-6 所示）。

图 10-6 马蹄金的种子（已包衣）和幼苗

（2）多年生草本：多采用播种、分株繁殖（如图 10-7 所示）。

图 10-7 麦冬的分株繁殖

（3）蕨类植物：多采用分株、孢子繁殖（如图 10-8 所示）。

（4）蔓藤类植物：多采用扦插、连续压条繁殖（如图 10-9 所示）。

图 10-8 丛生性的波士顿蕨可分株繁殖

图 10-9 蔓藤蕨类植物的压条繁殖

（5）亚灌木类：多采用扦插繁殖（如图 10-10 所示）。

（6）竹类：多采用分株、埋茎节繁殖（如图 10-11 所示）。

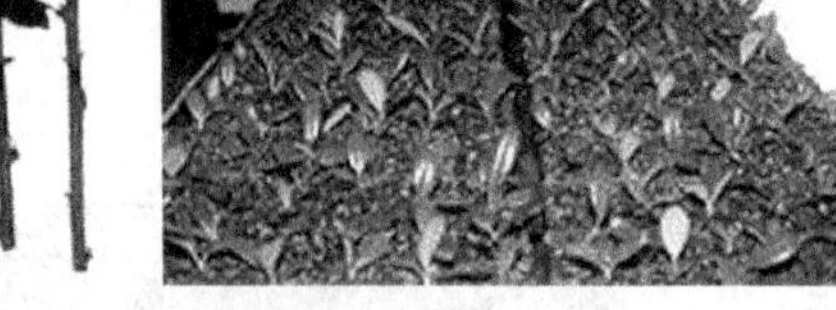

图 10-10　桂花的扦插繁殖

图 10-11　竹类的分株繁殖

四、地被植物的繁殖技术及特点

地被植物抗性强、繁殖力强，价廉，多采用粗放的繁殖方法。

1. 播种繁殖技术（用于草本地被植物，撒播为主）

多用于草本地被植物及荒坡护坡，或混凝土种草砖绿化。多为直播繁殖，直接在绿化地内进行，撒播为主，注意均匀。

（1）正确选择草种：根据当地的气候条件以及建造要求来选择合适的品种，要求抗病能力强，同时要保证种子的纯净度和发芽率达到建坪要求。

（2）坪床的准备：因草种颗粒细小，故在播种前，要仔细平整土地，清除土壤表层（30cm）中的杂物，以得到一块疏松、透气、平整、排水良好、适于草坪草生长的坪床。若土壤贫瘠，要用有机肥或复合肥增加肥力，酸碱度不适宜，可加硫酸亚铁降低或加石灰升高 pH，使 pH 在 5.0 ～ 7.0。

（3）播种与成坪：在灌溉条件允许下，播种可在春夏秋季任何时段进行，最好在春天和晚夏。每平方米播种量为 15 ～ 20g，包衣种子为 30 ～ 35g。播种量随品种、地区、时间、用途的不同而略有差别。播种前一天在坪床上浇一次透水，次日在表土半湿半干的情况下再播种。为了获得健壮的草苗，播种时带少量的种肥是有必要的。播种后，表面覆表土，以不露出种子为宜，以后要每天浇水，保持土壤湿润，确保草种正常发芽。这样 1 ～ 3 周可出苗，前期严禁踩踏。

2. 扦插繁殖技术（粗放式扦插）

地被植物价廉、抗性强、繁殖容易，多粗放式扦插。为了提高工效。插条剪取时，可以粗放处理，即保证长度 15cm 左右，插条下部是节处，且抹去下半部叶片即可。扦插时按一定行距，开沟（缝），沿沟按 3 ～ 5cm 株距快速摆插枝条，并压实即可。后浇透水，可盖膜或遮阴利成活。

3. 分株繁殖技术

间取苗圃丛生性或球根植物苗木，按一定株行距分栽入土即可。常常直接栽入绿化地，并注意浇水防践踏（如图 10-12 所示）。

图 10-12　生长良好的观赏性草本地被植物

任务训练与评价

【任务训练】

以小组为单位，调查本地区常用的地被植物种类，就其分类、习性、繁殖方法作调查统计，填写下列表格。并根据自身条件选取适当的地被植物进行小规模繁殖，并填写表 10-1。

表 10-1　地被植物收集表

地被植物名称	科属	分类	习性			繁殖方法	园林用途
			环境适应性	观赏性	抗性		

注：习性可通过网络查阅。

1. “环境适应性”主要记录该植物对光、热、水、气、肥的要求，记录较极端的要求，如不耐阴、忌二氧化硫、忌碱土等；
2. “观赏性”主要记录其形态、颜色上的特点，如高度、叶色等；
3. “抗性”主要记录该植物某方面的特殊能力或忌讳。

【任务评价】

根据表 10-2 中的评价标准，进行小组评价。

表 10-2　任务评价表

项目	优良	合格	不合格	小组互评	教师评价
调查识别	识别正确，科属无误，准确分类	能正确识别地被植物	地被植物识别错误或归类错误		
资料搜集	能准确掌握地被植物的繁殖方法和习性，并能在园林中正确地进行配置运用	参与资料搜集，对地被植物的繁殖方法、习性有一定了解	甄别能力较差，信息较混乱		
繁殖	繁殖方法正确，成活率高，效率高	能选用适当的繁殖方法繁殖一定量的地被植物	繁殖成活率低或效率差		

注：“繁殖”项目中涉及的评价标准如下：

1. 繁殖方法的适用性评估：简单、成活率高、迅速成苗；
2. 繁殖方法成活率的评估：成活苗与繁殖苗之比；
3. 繁殖效率的评估：单位时间繁殖量。

活动 2　配置设计地被植物

【活动目标】

1. 能科学合理、美观地配置地被植物。
2. 能按设计要求栽植地被植物。

3. 能养护管理地被植物，达到设计要求。

【活动描述】

将不同的地被植物合理地搭配栽植，可以因为质感、色彩的差别形成图案美。这需要我们加强日常管理。其工作流程如下：

【活动内容】

一、栽植与配置步骤

栽植与配置步骤如下：

1. 整地作畦

（1）地形整理去杂。平整土地，去掉树桩、建筑垃圾等废物，形成平缓的坡地、平地或梯田。

（2）去除杂草、翻挖。结合翻挖，去除杂草草根，翻挖深度一般为20cm左右。如土质较为贫瘠，可以结合施基肥，如土质极差不适合植物生长，可进行“客土”处理。提前翻挖可以达到疏松土壤、杀灭虫卵病菌、消灭杂草等作用。

（3）开厢作床。床面宽度1.5m左右，高度10cm左右，畦沟宽20cm左右。

图10-13 地被植物的栽植

（4）欠细整平。将苗床土块细碎至1～5cm（栽植草本植物要求土块较细，栽植木本植物土块可以较粗），并将土壤平整（如图10-13所示）。

2. 地被植物的栽植方式

（1）草本植物的直播繁殖：草坪地被植物可以直接在整地疏松好的计划种植区域内播种繁殖，如马蹄金等。播种稍密集，成景速度快。

（2）从生、球根植物的分株栽植：从生性草本植物如葱兰、麦冬、吉祥草等，可直接在种植地按一定株行距进行分株繁殖，栽植成景。

（3）灌木的移植：灌木多密集栽植，加上适当修剪，可迅速成景。

（4）容器育苗的脱盆定植：容器所育小苗定植更为方便，直接脱盆栽植即可，对根系损伤小，成活率高，苗木不会萎蔫，迅速达到观赏效果。

3. 地被植物的栽植方法

（1）株行距的控制：视苗木的大小、生长快慢、冠幅的大小定夺。

（2）栽植顺序：先边缘轮廓，再中间填充。

（3）图案的栽植：先边缘后中间，细节的地方可以用铁丝作轮廓，控制栽植范围，提

高图案的准确性（如图 10-14 所示）。

图 10-14　整齐栽植的地被植物

二、地被植物的养护

地被植物的管理主要是粗放管理，重点注意以下几方面。

（1）定期修剪整形达到设计要求。地栽植物前期修剪的目的是去顶，使苗木多发侧枝，形成一定的冠幅。中期的修剪目的主要是控制高度，形成整齐的色块和图案。如果在这时我们有意地进行一定幅度的修剪，中高边低，可以立体化图案和色块，增加观赏性（如图 10-15 所示）。

图 10-15　利用修剪增加观赏性

（2）增强肥水，满足地栽植物生长需要。地栽植物生长较快，经常修剪，需要充足的肥料保证。肥料选用复合颗粒肥，撒施。其中以氮肥为主，也可随水施用。秋冬补充磷钾肥和有机肥，以利过冬。

（3）浇水。旱期及时补充水分，以喷淋为主。

（4）除草去杂。特别是在栽植前期应及时去掉杂草，使地被植物形成生长优势，覆盖土表。

栽植时，可能混杂其他苗木或栽植的变色品种出现返祖现象，呈现出不同的颜色，影响整体的观赏性，都应该及时除去。如造成过于稀疏的现象应及时补足同种品种并加以适当修剪，保证地被植物群体美效果（如图 10-16、图 10-17 所示）。

图 10-16　杂草滋生的绿篱

图 10-17　颜色异变的绿篱

（5）补栽。由于病虫害或其他原因，会造成部分苗木枯死，形成空秃，应去掉病枯苗木，及时补栽，回复整齐美观（如图 10-18 所示）。

图 10-18　绿篱部分枯死

（6）病虫防治。地被植物密植，潮湿，通风不良，易孳生立枯病、灰霉病、蚜虫、红蜘蛛等病虫害，应及时防治。

（7）除草、间苗、繁殖。球根及宿根草本地被植物多年后生长旺盛，可以 4～5 年分栽一次，既可以疏密补稀，使地被均匀整齐，又可以作为宝贵的繁殖材料。前期形成生长优势、定期修剪控制生长，随时去除杂草。

地被植物栽植的前期，苗木较小，株行距较大，苗木之间很容易滋生杂草，应及时除去，注意“除早、除小、除了”的原则。随着地被植物的长大，一旦形成了生长优势，对土壤形成了郁闭，杂草的数量就会大大减少。出现杂草应及时除去，减少其对养分的掠夺以及对生存空间的侵占，影响整体的观赏效果。除草时一定注意不要踩踏和损伤苗木。

图 10-19　绿篱养护精品

将地被植物进行一定幅度的修剪，可以变平面观赏为立体观赏，增加地被植物的观赏性。而草本地被植物相互间植、带植可以四季有花，既有整齐度，又有层次性，增加观赏性，优秀的地被植物栽植、养护、修剪的范例，是园林设计、栽植、养护所形成的艺术品（如图 10-19 所示）。

任务训练与评价

【任务训练】

以小组为单位，完成下列任务。

1. 根据地被植物的配置原则，选取适当的地被植物，设计某地被绿化的栽植方案。有条件的，选取其中一优秀作品进行实际施工栽植。

2. 对现有校园地被植物进行养护管理。

【任务评价】

根据表 10-3 中的评价，进行小组评价。

表 10-3　任务评价表

项目	优良	合格	不合格	小组互评	教师评价
地被植物的配置设计	地被植物种类选择正确，色彩差异大，图案明显	能选择具有一定颜色差异的地被植物进行简单的图案性栽植	地被植物不适合栽培地的环境条件，或设计时配置凌乱，难以实施		
地被植物的栽植	地被植物栽植方式正确，图案形态规整，无变形，苗木成活率高	保证一定的成活率，完成较为整齐的地被植物栽植	疏密不当，图案不清，成活率低		
地被植物的养护	地被植物整齐、健壮；病虫害率低；无杂质；有立体层次和色彩对比	能周期性地进行养护，修剪，保证地被植物的整齐；施肥，保证植物的营养	养护管理投入少，造成杂草丛生，病虫害较多，或完全违背设计意图，胡乱修剪		

任务10.2 草坪的栽培与养护

【任务目标】1. 能根据草坪的功能，选择相应的草本植物。

2. 能选择多种方式，完成不同功能要求的草本植物的繁殖。

【任务分析】草坪在现代园林中用途广泛，不同的功能决定了草坪的植物种类、栽培方式和繁殖方法、管理要求。

【任务描述】用地毯般的草坪覆盖地表，在上面嬉戏、游玩、运动，在享受舒适感的同时，又能给人以缓冲的运动保护和干净卫生的条件，这是人类接近自然、享受自然的极致。现在很多贵族运动如高尔夫球、足球，以及高级的居家环境等都是以此类环境为主。因此，草坪在现代园林建设中具有较高的地位。但作为一种多年生草本植物，要适应一个地区的环境和人类的踩踏，需要在品种、习性、养护方面下很多功夫。

相关知识：草坪的功能、特点及铺设

一、草坪的功能

（1）城市草坪可以净化空气，吸收大气中的二氧化碳、二氧化硫、氟化氢、氨、氯等有毒有害气体。100m^2 草地，10 小时可吸收二氧化碳 1500g，同时释放出氧气 100g（如图 10-20 所示）。

（2）草坪可以调节大气温度和湿度，1 亩草坪每天约蒸发大量水分，增加空气中相对湿度的 5%～9%，降低温度（如图 10-21 所示）。草坪能吸尘杀菌，草地比裸地的吸尘能力大 70 倍。

（3）草坪可以降低噪声污染，草坪较大的广场能使噪声降低 20～30 分贝（如图 10-22 所示）。

图 10-20 草坪可净化空气

图 10-21 草坪可调节温湿度

图 10-22 草坪可降低噪音

（4）草坪可以保水抗旱，调节气候（如图 10-23 所示）。

（5）草坪可以美化环境，创造景观（如图 10-24 所示）。

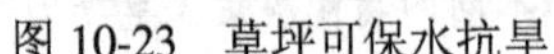
图 10-23 草坪可保水抗旱

图 10-24 草坪可创造景观

二、草坪的应用特点

1. 观赏草坪

一般观赏草地或草坪不允许游人入内游憩或践踏，专供观赏用。封闭式草坪，如铺设在广场雕像、喷泉周围和纪念物前等处，作为景前装饰或陪衬景观。一般选用低矮、纤细、绿期长的草坪植物。栽培管理要求精细，严格控制杂草生长。

2. 运动草坪

供体育活动用的草坪，如足球场草坪、网球场草坪、高尔夫球场草坪、木球场草坪、武术场草坪、儿童游戏场草坪等。各类运动场，均需选用适于体育活动的耐践踏、耐修剪、有弹性的草坪植物。

3. 牧草坪

以供放牧为主，结合园林游憩的草地，普遍多为混合草地，以营养丰富的牧草为主，一般多在森林公园或风景区等郊区园林中应用。应选用生长健壮的优良牧草，利用地形排水，具自然风趣。

4. 游憩草坪

供散步、休息、游戏及户外活动用的草坪，称为游憩草坪，这类草坪在绿地中没有固定的形状，面积大小不等，管理粗放，一般允许人们入内游憩活动。也可在草坪内配置孤立树，点缀石景或栽植树群，亦可以在周围边缘配置花带、林丛。大面积的休息草坪，中间所形成的空间，能够分散人流。此类草坪，一般多铺装在大型绿地之中，在公园内应用最多，其次是在植物园、动物园、名胜古迹园、游乐园、风景疗养度假区内，供游人游览、休息、文化娱乐。也可在机关、学校、医院等地内建立，应选用生长低矮、纤细、叶质高、草姿美的草种。

5. 护坡护岸草坪

凡是在坡地、水岸为保持水土流失而铺的草地，称为护坡护岸草地。一般应用适应性强，根系发达，草层紧密，抗性强的草种。

三、草坪植物的铺设

现场草坪的建设，部分可以直接在种植地采用分株、播种、埋茎节的方式繁殖绿化，但成型慢，多用于观赏草坪。本任务主要介绍运动、游憩等耐践踏草坪的现场铺设。其铺

设的方法为将草坪切成块状、条状、带状，对应铺设。

（1）密铺法。用草皮将地面完全覆盖。当草皮铺于地面时，应使草皮缝处留有 1 ～ 2cm 的间距。

（2）间铺法。为节约草皮材料可用此铺法，且均用长方形草皮块。铺块式，各块间距 3 ～ 6cm，铺设面积为总面积的 1/3；梅花式，各块相间排列，所呈图案亦颇美观，铺设面积占总面积的 1/2。

（3）条铺法。把草皮切成宽 6 ～ 12cm 的长条，以 20 ～ 30cm 的距离平行铺植。

（4）点铺法。将草皮切成 5 ～ 10cm^2 小块等距点植，一般 1m^2 草皮铺 3 ～ 5m^2。

活动 1　草坪植物的选择与繁殖

【活动目标】

1. 能识别常见的草坪植物，理解地被植物的特征要求。
2. 能对草坪植物进行分类，理解不同类型草坪植物的利用特点。
3. 能保质保量地繁殖草坪植物。

【活动描述】

草坪功能多样，要求各异，但草本植物也种类丰富，可以从中选择适合的植物。其工作流程如下：

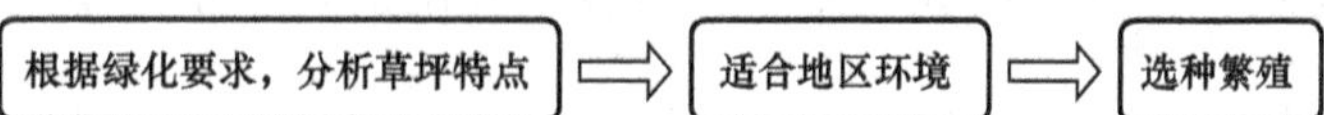

【活动内容】

一、草坪的种类

1. 草坪的生长类别

草本的地被植物都可以称为草坪，主要分为以下 3 类。

（1）一、二年生草本植物。此种植物因四季差别太大，较少使用。主要取其花开鲜艳，大片群植形成大的色块，能渲染出热烈的节日气氛（如图 10-25 所示）。

图 10-25　整齐栽植的地被植物

（2）多年生草本植物。此种植物还可以分为多年生常绿草本、多年生落叶草本、和球根花卉等，其中多年生常绿草本植物在地被植物中占有很重要的地位。多年生草本植物生长低矮，管理粗放，开花见效快，色彩万紫千红，形态优雅多姿。重要的多年生草本地被植物有吉祥草、石蒜、葱兰（如图 10-26 所示）、麦冬、鸢尾类、玉簪类、萱草类等。

（3）蕨类植物。蕨类植物在我国分布广泛，特别适合在温暖湿润处生长。在草坪植物、乔灌木不能良好生长的阴湿环境里，蕨类植物是最好的选择。常用的蕨类植物有铁线蕨、肾蕨、凤尾蕨、波斯顿蕨、芒萁（如图10-27所示）等。

图10-26　葱兰形成的多年生草坪

图10-27　芒萁也可作地被植物

2. 草坪的习性类别

主要根据草坪植物对不同生长地点、环境的要求和适应分类。

（1）耐寒性：剪股颖＞早熟禾＞羊毛草＞黑麦草＞结缕草＞狗牙根＞假俭草。

（2）耐阴性：羊毛草＞剪股颖＞早熟禾＞黑麦草＞结缕草。

（3）耐旱性：羊毛草＞早熟禾＞黑麦草＞剪股颖＞结缕草＞假俭草＞狗牙根。

（4）耐践踏：结缕草＞狗牙根＞羊毛草＞早熟禾＞剪股颖。

（5）耐盐碱：结缕草＞剪股颖＞羊毛草＞早熟禾＞狗牙根＞假俭草。

根据生长气候，划分为暖季型草坪草和冷季型草坪草。

（1）河北、山西、山东、陕西、辽宁、吉林、甘肃适合种植冷季型草坪，如早熟禾、高羊茅草、黑麦草。

（2）湖北、湖南、河南、江西、江苏、浙江、广东、福建、四川、重庆则适合种植暖季型草坪，如马尼拉草、天堂草 、台湾草、百慕大草。

二、草坪植物的繁殖技术

1. 播种繁殖

秋季或春季进行，大面积播种可用播种机，小面积播种常用手工撒播。草籽的播种量，大粒种子如黑麦草，每亩播种8～10kg；中粒种子如结缕草、假俭草，每亩播种6～8kg；细小种子如小糠草、草地早熟禾，每亩播种4～6kg。春播2～3周发芽，秋播1周左右发芽，春播后3～5个月即可覆盖地面（如图10-28所示）。

图10-28　砖缝草坪的播种繁殖

2. 播茎繁殖

用于匍匐茎发达的草种，如狗牙根、细叶结缕草、假俭草等都可用此法繁殖。播茎繁殖多在3月下旬至6

月中旬，或8月下旬至9月下旬，但其中以春末夏初为最合适。每平方米母草皮可繁殖10～15m^2的新草皮。通常将选取的优良草皮连根铲起，除去根部泥土，将它的匍匐嫩枝及根茎，在庇荫处剪成长5～10cm的小段，每段上具2～3个芽，然后将茎段条播或撒播，上面覆盖一层薄薄的细土，轻镇压一遍后浇水。以后经常喷水，保持地面湿润。一般情况下，在草坪植物旺盛生长期内，护理30～45天，埋撒在土层内的草段会萌发出新嫩芽。

3. 分块繁殖

在我国南方地区，细叶结缕草、假俭草、马尼拉草等常用此法繁殖。将老草皮切成10cm×10cm大小的方块，或切成5cm×15cm大小长条状草块。将切好的草块按20cm×30cm或30cm×30cm的间距分栽，栽好后，滚压浇水，以后要经常浇水，保持地面湿润，小草块很容易成活。成活后又可长出新的匍匐茎，向四面蔓延形成新的草坪。此法比播茎法、分株法容易养护，管理粗放，但形成新草坪较慢，4～6个月可覆盖地表（如图10-29所示）。

图10-29 草坪的分块繁殖

4. 拉伸法繁殖

同上，用于匍匐茎发达种类，同样将草坪切成小块，只是然后用人力拉伸小块到原大小的2倍，再栽植。

三、提高播种繁殖效果和草坪质量的技术

1. 播种均匀度的控制

为了使播种均匀，播种应选无风的天气，以防种子被风吹走。

（1）为了使种子撒播均匀，应将播种地区划成10m宽的若干长条，把每亩规定的播种量与实地播种面积计算准确，这样就可以逐条均匀撒播。

（2）为了做到播种更均匀，又可将每一长条的应播种子，再分成2份，以其中1份顺方向撒种，另一份逆方向撒播。每份种子，撒播前再掺入部分细沙或细土，拌和均匀后进行撒播。

（3）种子或掺沙的种子，撒好后，应立即覆土，厚约1cm，并进行滚压。如覆土困难，尤其大面积播种时，可改用细齿耙，往返拉松表土面，帮助细小草籽落入土粒下面。

2. 防止杂草的方法

苗期以内清除杂草，是一项费工的工作。最好的办法是撒播草籽以前，先在播种区浇足水分，让土层表面的杂草种子出苗，将杂草的幼苗铲除后，再撒播种子，这是一项很好的经验，能大大节约苗期管理人工。

3. 草种混播技术

草种混播多用于匍匐茎或根茎不发达的草种，草种混播可适应差异较大的环境条件，以延长草坪的寿命。在选择混播草种时，其中一个应是主生草种，另几个则是保护草种。保护草种应具备发芽迅速、苗期生长快等特点，用它为生长缓慢、苗期柔弱的主生草种庇

荫，并抑制其他杂草的生长。如南方常以狗牙根、细叶结缕草为主生草种，可混入10%的宿根黑麦草一同下种，能提早形成草坪，使草坪维持时间长久。

活动训练与评价

【活动训练】

以小组为单位，完成以下任务。

对当地常用的草本地被植物进行调查，并填写表10-4。

表10-4　植物调查表

草坪植物名称	科属	分类	习性	繁殖方法	园林用途

【活动评价】

根据表10-5中的评价标准，进行小组评价。

表10-5　任务评价表

项目	优良	合格	不合格	小组互评	教师评价
活动	识别正确，科属无误，准确分类	能正确识别草坪植物	草坪植物识别错误或归类错误		
地被植物的栽植	能准确掌握草坪植物的繁殖方法和习性，并能在园林中正确地进行配置运用。	参与资料搜集，对草坪植物的繁殖方法、习性有一定了解	甄别能力较差，信息较混乱		
地被植物的养护	繁殖方法正确，成活率高，效率高	能选用适当的繁殖方法繁殖一定量的草坪植物	繁殖成活率低或效率差		

活动2　草坪的铺设和养护

【活动目标】

1. 能根据草坪种类、要求铺设草坪。
2. 熟悉草坪铺设环节，提高铺设质量。
3. 能根据草坪种类、要求管理草坪。

4. 能高质量地对草坪进行修剪。

【活动描述】

严格按照草坪铺设工艺及步骤铺设草坪，通过管理养护，保证草坪的质量。草坪铺设的工作流程如下：

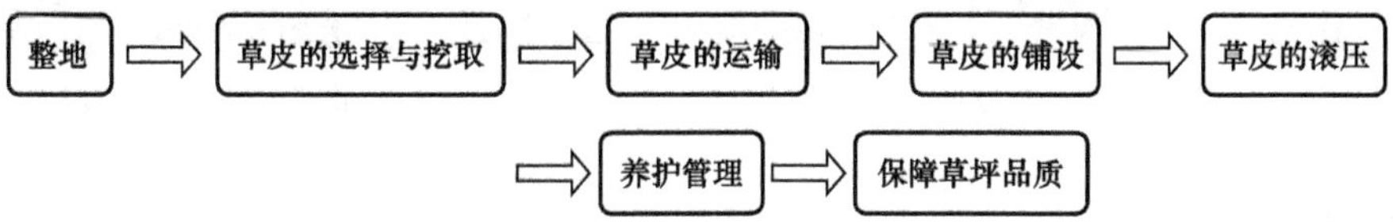

【活动内容】

一、草坪铺设的步骤

1. 整地

按一定坡度平缓地平整土地，去掉石块、树桩等杂质，并欠细整平，覆盖细沙和较细的培养土。

工作细节与要求：铺设草块前，应先清除场地上的石块、垃圾等杂物，增施基肥，力求表土层疏松、平整。更重要的是排水坡度的管理，面积大的场地，为了达到 2% ～ 30% 的斜坡排水，最好使用仪器测定。草块铺前，场地再次拉平，并增加 1 ～ 2 次压平，以免铺后出现泥土下沉所带来的不平整或者积水不良等现象（如图 10-30 所示）。

2. 准备草皮

（1）草皮的选择。了解本地区草皮生产专业公司信息；实地现场查看草皮生长状态（如图 10-31 所示）；确定购买的草皮质量标准，选择适合的草皮；确定起草皮的方法、草皮标准、起挖时间及运输要求。

图 10-30　整地

图 10-31　良好的草坪

（2）草皮的挖取。可采用块状法和条状法进行挖取（如图 10-32 所示）。

（3）草皮的运输。搬运草皮时要小心，保持草块的完整。装完车后用水管将草皮浇一遍水，以保持水分，给草皮降温。运输车要用帆布盖于棚顶，防止日晒升温和水分蒸发。草皮运到铺植地后，应立即进行铺设（如图 10-33 所示）。

图 10-32　草皮的块状挖取

图 10-33　条状挖取的草皮

3. 草坪的铺设

（1）草皮预处理。运至铺装现场后，在使用前要逐块检查，拔去杂草，弃去破碎的草块。如果草块一时不能用完，应一块一块地散开平放，若堆积起来会使叶色变黄。

（2）坪床镇压。在铺植前，对铺植场地再次拉平，并用细土填平低洼处，以免以后草地下沉积水。进行 1 ～ 2 次镇压，将松软之土压实，或灌水沉降，达到床土湿润而不是潮湿。

（3）铺植（密铺法）。可用机械铺植，也可采取人工铺植。把运来的草皮块，顺次平铺于已整好的土地上，草皮块与块之间应保留 1 ～ 2cm 的间隙，块与块之间的缝隙应填入细土，如随起随铺的草皮块，则可一块块紧密相接（如图 10-34 所示）。

（4）覆盖细沙、滚压浇水。铺设完成后即可滚压，用 0.5 ～ 1.0t 重的磙筒或木夯压紧或压平，草皮与土壤紧接，无空隙。磙子压实后，立即进行均匀适量的灌水，以固定草皮并促进根系的生根和生长。第一次水要浇足、灌透。压滚一、二次是压不平的，以后每隔一周浇水滚压一次，直到草坪完全平整为止。在滚压过程中，如发现草块部分下沉不平，应把低凹下沉部分的草块掀起，用土填平重新铺平（如图 10-35 所示）。

图 10-34　块状草皮的铺设

图 10-35　草皮铺设后的滚压

二、草坪养护的内容

1. 修剪

均匀修剪是草坪养护中最重要的环节。草坪如不及时修剪，其茎上部生长过快，有时结籽，妨碍并影响了下部耐践踏草的生长，使其成为荒地。

草坪修剪期一般在 3 ～ 11 月，有时遇暖冬年也要修剪。草坪修剪高度一般遵循“1/3 原则”（即被剪去的部分是草坪草垂直高度的 1/3），第一次修剪在草坪高 10 ～ 12cm 时进行，留茬高度为 6 ～ 8cm。修剪次数取决于草坪生长速度。草坪经多次修剪，不仅根茎发达，覆盖能力强，而且低矮，叶片变细，且观赏价值高（如图 10-36 所示）。

图 10-36　草坪的修剪

2. 施肥

施肥是草坪养护中又一重要环节。草坪修剪的次数越多，从土壤中带走的营养越多，因此，必须补充足够的营养，以恢复生长。草坪施肥一般以施氮肥为主，兼施复合肥。施肥量每 667m^2 施 8 ～ 12kg 为宜，即 15 ～ 18g/m^2。施肥次数根据草坪种类不同要求有差别，一般草坪每年施肥 7 ～ 8 次。施肥时间集中在 4 ～ 10 月，10 月的秋肥尤其重要。

草坪施肥要均匀，撒施或随水施用。施肥后要及时浇水，使肥料充分溶解，促进根系对养分的吸收（如图 10-37 所示）。

图 10-37　草坪的施肥

3. 浇水

草坪草由于品种不同，其抗旱性有些差别，但其旺盛生长阶段，均需要足够的水分。因此，适时浇水是养护好草坪的又一项措施。一般在高温干旱季节每 5 ～ 7 天早晚各浇 1 次透水，湿润根部达 10 ～ 15cm。其他季节浇水以保护土壤根部有一定的湿度为宜，但浇水时最好采用多向喷喷灌，保持灌溉均匀，节约用水，同时又清除了草面灰尘（如图 10-38 所示）。

图 10-38　草坪的浇水

4. 打孔、叉土通气

草坪地每年需打孔、叉土通气 1 ～ 2 次，大面积草坪用打孔机。打孔后，在草坪上填盖沙子，然后用齿耙、硬扫帚将沙子堆扫均匀，使沙子深入孔中，持续通气，同时改善深层土壤渗水状况。草面沙层厚度不要超过 0.5cm。在小面积及轻壤土草坪上通气，可用挖掘叉按 8 ～ 10cm 的间距与深度掘叉，叉头直进直出，以免带起土块。对不同土质可变换不同规格叉，也可用锨等工作。锨铡时可切断一些坪草根系，促进根系旺盛生长。打孔、叉土通气最佳时间在每年的早春（如图 10-39 所示）。

图 10-39　草坪的打孔

5. 清除杂草

除草掌握“除早、除小、除了”的原则。少量时用小刀，量大且集中时用铁锨挖出，集中处理，然后整平地面，再补栽。另外，也可用选择化学除草剂。除草剂适当混用可提高药效，但要慎重，以免适得其反（如图 10-40 所示）。

图 10-40　人为除草

6. 病虫防治

草坪病害大多属真菌类，如锈病、白粉病、菌核病、炭疽病等。它们常存在于土壤枯死的植物根茎叶上，遇到适宜的气候条件便侵染危害草坪草，使草坪草生长受阻，成片、成块枯黄或死亡。防治方法通常是根据病害发生侵染规律采用杀菌剂预防或治疗。预防常用的杀菌剂有甲基托布津、多菌灵、百菌清等。危害草坪的害虫有夜蛾类幼虫、黏虫、蜗虫、蛴螬、蝼蛄、蚂蚁等食叶和食根害虫，常用的杀虫剂有杀虫双、杀灭菊酯。防治病虫害时对草坪进行低剪，然后再进行喷雾。

7. 更新复壮和加土滚压

草坪若出现斑秃或局部枯死，需及时更新复壮，即早春或晚秋施肥时，将经过催芽的草籽和肥料混在一起均匀撒在草坪上，或用滚刀将草坪每隔 20cm 切一道缝，施入堆肥，可促生新根。对经常修剪、浇水、清理枯草层造成的缺土、根系外漏现象，要在草坪萌芽期或修剪后进行加土滚压，一般每年 1 次，滚压多于早春土壤解冻后进行（如图 10-41 所示）。

图 10-41　机械化的打孔

三、养护工具的使用与适用

（1）草坪机。特级草坪只能用滚筒剪草机剪，一级、二级草坪用旋刀机或滚筒剪草机剪，三级草坪用旋刀机或背附式剪草机剪，四级草坪用背附式剪草机剪，所有草边均用软绳型剪草机剪或手剪（如图 10-42 所示）。

（2）松土针：疏松板结土。

（3）尖形除草器：可用镰刀等，以利除去草根。

（4）喷雾器：叶面施肥、喷药除虫。

图 10-42　边缘应割的草坪

四、养护的标准

1. 剪草质量标准

（1）叶剪割后整体效果平整，无明显起伏和漏剪，剪口平齐。

（2）障碍物处及树头边缘用割灌机式手剪补剪，无明显漏剪痕迹。

（3）四周不规则及转弯位无明显交错痕迹。

（4）现场清理干净，无遗漏草屑、杂物。

2. 修剪频度

（1）不同等级的草坪修剪频度不同：特级草生长旺季每 5 天剪一次，生长迟缓季节视生长情况每月 1 ～ 2 次；一级草生长旺季每 10 天剪一次，生长迟缓季节视生长情况每月一次；二级草生长旺季每 20 天剪一次，秋季共剪两次，开春前重剪一次，冬季不剪；三级草每季剪一次；四级草每年入冬前用割灌机彻底剪一次。

（2）不同生长季节修剪频度不同：生长旺季适当增加修剪次数；生长迟缓季节适当减少

修剪次数。

（3）肥力充足的草坪修剪次数多，肥力差的草坪修剪次数少。

活动训练与评价

【活动训练】

以小组为单位，完成以下任务。

1. 熟悉草坪铺设的步骤，完成一定面积的草坪铺设任务。
2. 分片完成校园草坪的养护管理工作。

【活动评价】

根据表10-6中的评价标准，进行小组评价。

表10-6　任务评价表

项目	优良	合格	不合格	小组互评	教师评价
草坪的铺设	草坪铺设步骤及方法正确，效果好，无明显枯黄现象	能按步骤完成草坪铺设工作	草坪铺设凌乱，死亡率高		
草坪植物的养护	随时去除杂草、定期修剪、浇水抗旱、按时施肥、防止踩踏，及时松土，草坪生长健康，定期修剪，整齐美观，杂草率低	能维持草坪的生长，并能定期修剪	草坪枯黄、斑秃，杂草丛生		

知识拓展

无土草坪毯

无土草坪毯，由草坪草和种植网构成，草坪草的根系穿过种植网并布满其背面，没有泥土。与现有技术相比，具有适于工厂化和集约化生产，不破坏农田的耕作层，成坪时间短，用工省，劳动强度小，管理费用低，草坪纯度高，无杂草，根系完整，草质好，厚度均匀，移栽后易成活，管理方便，可卷可裁等优点（如图10-43所示）。

图10-43　无土草坪

一、优点

与传统的有土草坪相比，无土草坪具有以下几方面突出的优点。

（1）节水。水是维持草坪正常生长的基本条件之一。有土草坪生产周期需 3 ～ 4 个月，每生产 $1m^2$ 有土草坪用水量达 3t；无土草坪生产周期 40 ～ 45 天，每生产 $1m^2$ 无土草坪用水量约 1t，若采用微喷技术生产，无土草坪则用水量更省。

（2）环保。无土草坪以农作物秸秆、蘑菇废料、木屑、煤渣、珍珠岩等基质为主要生产原料，不造成环境的污染，同时为废弃物的综合利用开辟了一条新途径。

（3）可持续发展。有土草坪为了保护草根，每次起草时需保留 3 ～ 5cm 的土层，由于连续地铲走土层，结果导致了大片良田的贫瘠、盐碱化和砂化。无土草坪用基质代替土壤生产草坪，有利于保护土地和生态环境，使生产得到良性的、可持续性的发展。

（4）质量好。无土草坪由于不带土壤，土传病虫害轻、杂草少；由于没有铲草皮的过程，根系完整。因此，无土草坪移栽成活率高，返青快，管理成本低。

（5）重量轻，运输方便。每平方米无土草坪的重量约为有土草坪的 1/2，同时无土草坪可进行工厂化生产，运输、铺设、养护方便，省工省力（如图 10-44 所示）。

图 10-44　无土草坪利于搬运和铺设

二、生产技术

（1）场地的准备。生产无土草坪的场地要求平整，不能坑坑洼洼，具备微喷、遮阴条件的场地最为理想。

（2）隔离布的选择。隔离布最好是空隙在 0.001 ～ 0.100mm 的化纤材料。致密的废旧编制袋是一种经济有效的隔离材料。塑料薄膜在有喷灌的条件下也可使用。

（3）基质的配比。为利于无土草坪根系良好的生产和集结成坪，要求基质疏松而富含有机质。农作物秸秆、蘑菇废料、木屑、煤渣、珍珠岩等或其中几种按一定的体积配比而成的混合基质，可满足无土草坪生产的需要。基质材料要根据当地情况和经济有效的原则就地取材。

（4）草种的选择。冷季型的高羊茅、草地早熟禾、剪股颖等草种，暖季型的狗牙根、百喜草、马蹄金等草坪草种，按不同季节均可选作无土草坪生产用种。不同草种的用种量视发芽率而定。

（5）管理。播种后，水分以保持基质层湿润不翻白为宜，一般早晚各浇水一次。施肥时间和用量视生长情况而定，肥料以速效肥为主。修剪在草高 10cm 开始进行，按“1/3 原则”执行。同时要注意少量杂草的拔除和病虫害防治。

（6）移栽。无土草坪茎叶盖度达到 90% 以上时就可移栽。铺植时要做到草坪与土壤的结合，铺后马上浇透水，保湿一周左右即可成活返青，以后进入正常的养护管理。

任务10.3 古树名木的管理养护

【任务目标】1. 理解古树名木保护的意义，能正确界定古树名木。

2. 分析古树名木的环境条件，能完成对古树名木的保护及养护工作。

【任务分析】1. 要保护古树名木，首先要界定哪些树属于古树名木，并进行调查统计确认。

2. 通过调查古树名木周边的环境条件及其有针对性的环境调控，“趋利避害”，为古树名木的生长创造良好的条件。

【任务描述】正如长者是历史的见证，是社会的宝贵财富一样，古树名木也是园林中的保护对象，它们的存在既有文化的积累、情感的依附、生命的顽强，还有自然的信息、科学的数据等，我们要尽力保护它们。

相关知识：保护古树名木的意义

一、古树名木的界定

古树指树龄在100年以上的树木。名木指国内外稀有的、具有历史价值和纪念意义以及重要科研价值的树木。

凡树龄在300年以上，或者特别珍贵稀有，具有重要历史价值和纪念意义、重要科研价值的古树名木，为一级古树名木；其余为二级古树名木。

二、保护古树名木的意义

（1）古树名木是历史的见证（如图10-45所示）。

（2）古树名木是文化、艺术的载体（如图10-46所示）。

（3）古树名木也是名胜是佳景，给人以美的享受（如图10-47所示）。

图10-45　黄帝陵的轩辕柏树

图10-46　渗透入中国文化的迎客松

图10-47　古朴苍劲的古柏

（4）古树是研究自然史的重要资料，它的复杂的年轮结构，蕴含着古水文、古地理、古植被的变迁史（如图10-48所示）。

（5）古树对研究树木生理具有特殊意义。不同年龄的古树同时存在，能把树木生长、发育在时间上的顺序展现为空间上的排列，有利于科学研究工作。如图 10-49 所示挪威古云杉树高约 4.88m，树龄达到 9550 年，数千年来，由于冰原气候，这棵古树始终保持着灌木形态。然而，由于过去一个世纪全球气候变暖趋势，它已经长成了一棵枝叶茂盛的大树。这是地球气候变暖的有力证明。

（6）古树对于树种规划有很大参考价值。某种古树的存在说明该地区适合该类植物的生长（如图 10-50 所示）。

图 10-48 古树的年轮

图 10-49 证明气候变化的挪威古树

图 10-50 奇特的榆槐合抱

三、古树名木生长状况调查

（1）检测古树名木根系生长的健康状况（如图 10-51 所示）。

（2）观察树干的生长状况，是否腐朽、空洞（如图 10-52 所示）。

图 10-51 检查古树根系生长

图 10-52 观察古树茎干生长

（3）观察枝叶生长状况，树冠是否丰满，有无枝叶凋零、顶梢枯萎的现象（如图 10-53 所示）。

（4）观测古树名木的病虫害情况（如图 10-54 所示）。

四、古树名木生长环境调查

（1）土壤调查。包括土壤质地、酸碱性、孔隙度、地下水、含水量、土壤结构等。

（2）光照条件调查。包括光照强度、光照时间、光质等调查，主要观察是否有建筑物影响其光照，路灯等光污染情况。

（3）水分调查。主要调查空气湿度和土壤湿度。

（4）空气质量调查。主要调查是否有空气污染、土壤是否板结、通气是否良好。另对当地风速进行调查。

（5）温度条件调查。调查当地温度的变化及三基点温度（如图 10-55 所示）。

图 10-53　检查古树枝叶生长

图 10-54　检查古树的病虫害

图 10-55　古树小环境调查

活动 1　古树名木的确定及建档

【活动目标】

1. 能界定古树名木。
2. 能学会古树名木的调查建档方法。
3. 能理解保护古树名木的意义。

【活动描述】

古树有明确的界定，也有完整的界定程序和严格的保护措施。其工作流程如下：

【活动内容】

一、古树名木的分级管理

一级古树名木的档案材料要抄报国家和省、市、自治区城建部门备案。

二级古树名木的档案材料由所在地城建、园林部门和风景名胜区管理机构保存、管理，并抄报省、市、自治区城建部门备案。

各地城建、园林部门和风景名胜区管理机构要对本地区所有古树名木进行挂牌，标明管理编号、树种名、学名、科属、树龄、管理级别及单位等。

二、古树名木的调查方法

古树名木调查是政府行为，组织专家和职能部门排查统计、归档、挂牌，指定单位人员保护、养护、管理。通过民间信息收集调查、现场实物观察、科学鉴别、文献查阅等，判定古树名木，调查记载古树名木详细信息，包括树种、位置、树龄、树高、胸围、冠幅、生长势、树形、立地条件、权属、养护责任人、历史传说、保护现状和建议，同时拍照，汇总建立起文字、表格、照片齐全，一树一套的古树名木档案（如图10-56所示）。

图10-56　古树调查

任务训练与评价

【任务训练】

组织学生对学校（或社区、苗圃、公园）重点树木的调查统计、归档、挂牌，模拟训练古树名木的管理能力。建档内容包含树种、位置、树龄、树高、胸围、冠幅、生长势、树形、立地条件、权属、养护责任人、历史传说、保护现状和建议，并填写表10-7。

表10-7　古树名木调查表

<table>
<tr><td rowspan="2">树木名称</td><td>中文名：　　别名：</td><td colspan="2">图片链接</td></tr>
<tr><td>拉丁名：</td><td rowspan="2">保护级别</td><td rowspan="2"></td></tr>
<tr><td></td><td>科：　　属：</td></tr>
<tr><td rowspan="2">具体位置</td><td colspan="3">乡（镇）　　村（居委会）　　组（号）</td></tr>
<tr><td colspan="3">小地名：</td></tr>
<tr><td>树龄</td><td colspan="3">真实树龄：　　年；传说树龄：　　年；估测树龄：　　年</td></tr>
<tr><td>树高：　　米</td><td colspan="3">胸围：　　厘米</td></tr>
<tr><td>冠幅</td><td colspan="3">平均　　米；东西　　米；南北　　米</td></tr>
<tr><td rowspan="2">立地条件</td><td colspan="3">海拔：　　米；坡向：　　；坡度：　　度；坡位：　　部</td></tr>
<tr><td colspan="3">土壤名称：　　；紧密度：</td></tr>
<tr><td>生长势</td><td colspan="3">①旺盛；　②一般；　③较差；　④濒死；　⑤死亡</td></tr>
<tr><td>权属</td><td colspan="3"></td></tr>
</table>

【任务评价】

根据表10-8中的评价标准，进行小组评价。

表10-8　任务评价表

项目	优良	合格	不合格	小组互评	教师评价
调查识别	识别正确，科属无误，准确记录	能正确识别植物	植物识别错误		

续表

项目	优良	合格	不合格	小组互评	教师评价
资料搜集	准确测量，认真调查，数据正确	有较准确的数据	数据有误		
建档	格式规范，内容详尽准确	档案内容与实际情况相符	内容不全，未及时汇总		

活动2　古树名木的调查、保护

【活动目标】

1. 能调查古树名木的生长状况、环境条件。
2. 能分析古树名木的环境，趋利避害地为古树名木提供养护措施。
3. 学习常见的古树名木养护、修复、保护、管理措施。

【活动描述】

通过调查，了解古树名木生长环境的情况，趋利避害地进行保护工作。其工作流程如下：

古树调查 ⇒ 状态、环境分析 ⇒ 制定措施 ⇒ 实施管理

【活动内容】

一、分析古树名木衰老的原因

（1）内因。古树名木树龄大，生活力低，再加上树形较高大，因而抗病虫害侵染力低，抗风雨侵蚀力弱，这是其衰败的内因所在。

（2）外因。外因是自然因素与人为因素的综合。自然因素的影响包括极端气候、雷电火灾、地下水位的升降、病虫害、野生动物的危害等；人为因素的影响包括工程建设、人为活动、各种污染、机械损害、管理不当等。

二、古树名木的保护措施

（1）宣传和立法。加强对保护古树名木的宣传，增强人们的保护意识，并做好普查工作，挂牌落实责任管理（如图10-57、图10-58所示）。

（2）减少人为接触和伤害。如修建花台、设立栏杆减少人为践踏（如图10-59、图10-60所示）。

（3）防止病虫害（如图 10-61 所示）。

（4）排除不利于古树名木生长的环境因素。如光污染、空气污染、火灾隐患、地下水位变化等。

图 10-57　立碑

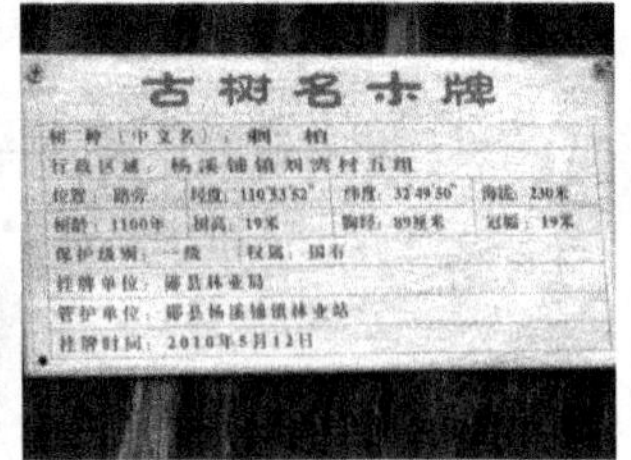

图 10-58　挂牌

图 10-59　围栏

图 10-60　修台

图 10-61　补洞

三、古树名木的养护管理

（1）前期的保护措施：包括围栏，安避雷针、支架等（如图 10-62 所示）。

（2）日常的养护措施：肥水管理、土壤翻耕（如图 10-63 所示）。

（3）日常的保护措施：如挂牌警示，监督巡察，病虫害防治（如图 10-64 所示）。

（4）突发性、灾害性伤害的防止：防风，旱季防火，雨季排水（如图 10-65 所示）。

图 10-62　古树的茎干保护

图 10-63　土壤改造

图 10-64　伤口处理

图 10-65　预防手段

任务训练与评价

【任务训练】

小组为单位，对古树名木（用校园重点花木模拟）的生长状态及生长环境进行观测，并根据现场情况进行“趋利避害”的养护工作设计，以及挂牌、围栏等防护工作，同时，安排施肥、松土、除草、修剪等实质性养护工作。

【任务评价】

根据表 10-9 中的评价标准，进行小组评价。

表 10-9　任务评价表

项目	优良	合格	不合格	小组互评	教师评价
前期的防护工作	从宣传教育到挂牌提醒、围栏保护，从思想上、行为上、客观条件上进行全方位保护	能形成一定空间上的保护，减少人为接触造成的伤害	防护措施不到位，容易造成人为和机械伤害		
针对性的栽培措施	针对古树名木环境条件“趋利避害”，有相应的栽培管理措施	能尽力为古树名木生长创造良好条件	无针对性措施		
日常养护管理	周期性、季节性、关键生长期的肥水管理、病虫害防治、修剪、防寒等养护工作完善	能定期对古树名木进行检查和养护	管理粗放，杂草丛生		

知识拓展

世界十大古树名木

1. 玛士撒拉树

地球上有很多长寿的古树，其中最老的一棵被称作玛士撒拉树（如图 10-66 所示），它是一棵 4800 岁的大盆地狐尾松，是迄今为止最古老的树，长在美国内华达州的玛士撒拉小巷。本来此处还有一棵更年长的树，它的名字叫普罗米修斯，但是由于腐烂严重，在 1964 年被砍掉了。

2. 塞意阿巴库树

塞意阿巴库树是一棵 4000 岁的古柏树，生长在伊朗的阿巴库，它又被称作索罗亚斯德塞意。这种树在伊朗人的心目中具有特殊地位，它具有极强的宗教意义（如图 10-67 所示）。

图 10-66　玛士撒拉树

图 10-67　塞意阿巴库树

3. 山达木树

根据化石进行判断，另一种已经有大约3500万年历史的古树是巴塔哥尼亚柏，又称山达木（如图10-68所示），当前最古老的一棵有3600岁，名叫兰格尼维紫杉。对智利当地人来说，这种树的木材非常珍贵，他们用它制成屋面板瓦，用来卖钱。

4. 参议员树

据估计，美国佛罗里达州的这棵落羽松又被称作“参议员树”，它已经有3400～3500岁，是世界上年龄位居第五的古树（如图10-69所示）。2006年美国东部本土树木协会进行的一项调查，测量出它的体积超过5100ft^3（144.42m^3），是美国这种树中最大的一棵，也是密西西比河东部最大的古树。

5. 怡和杜松

在美国犹他州洛根城的怡和杜松（*Jardine juniper*）（如图10-70所示）已经有3200岁，是世界上最古老的怡和杜松。实为美洲巨杉，是一种长寿树种，原产于加利福尼亚，当地这种数千年的树并非罕见。如为了参加世界博览会，“芝加哥树桩(*Chicago Stump*)”被砍下，通过计算年轮，最终确定为3200岁（如图10-71所示）。

图10-68 山达木树

图10-69 参议员树

图10-70 怡和杜松

6. 帕特里亚卡•弗洛雷斯塔树

这棵树是合法卡林玉蕊木的一种，估计为3000岁，成为巴西最古老的非针叶树（如图10-72所示）。它被视为圣树，但这种树面临巨大的灭种威胁，一个重要原因就是巴西、哥伦比亚和委内瑞拉的乱砍滥伐。

7. 阿里山神树

台湾的阿里山神树可能已经有3000岁（如图10-73所示），然而令人遗憾的是，1997年的一场大暴风雨使它轰然倒下。这棵树对当地佛教徒来说具有特殊意义。这种树生长缓慢，但是非常长寿，它们往往很大，树高可达55～60m，直径达7m。

8. 百马树

目前已知的世界上最古老的栗树是“百马树”（如图10-74所示），在圣达尔弗的林瓜葛洛萨和西西里岛的埃特纳火山山坡上都可以看到这种树。百马树是在全球发现的这种树中最大的一棵，据悉已有2000～4000岁。

9. 谢尔曼将军树

这种古树中最年轻的一棵名叫谢尔曼将军树（如图10-75所示），已有2300～2700岁。它是一种巨型红杉树，树高275ft（83.82m），基部周长102ft（31.09m）。它生长在美国加利福尼亚州的红杉国家公园。2002年的测量结果显示，它的体积大约是1487m^3，被认为是世界上体积最大的树。

图 10-71　被砍伐的怡和杜松

图 10-72　帕特里亚卡•弗洛雷斯塔树

图 10-73　阿里山神树

10. 日本 Jhomon Sugi 树

这是一棵相对年轻的树，因为树心腐蚀严重，看不清年龄，因此人们很难得知它的确切年龄。这棵树生长在日本屋久岛，名叫 Jhomon Sugi，它可能只有 2170 岁，也有可能已有 7200 岁，如果是后者，它将是迄今为止最古老的树。它的周长是 16.4m，显然已经生长了很多年（如图 10-76 所示）。

图 10-74　百马树

图 10-75　谢尔曼将军树

图 10-76　日本 Jhomon Sugi 树

任务10.4　竹类与棕榈类的栽培养护

【任务目标】1. 能识别常见竹类，并根据其不同类型、习性特点进行繁殖、管理、栽培、养护。
2. 能识别不同棕榈植物类型，根据其特征及习性特点在园林中加以利用，并通过养护保证其健康生长。

【任务分析】1. 不同的竹类有不同的外观特征、生长习性、繁殖方法、园林运用，所以从认知入手，再进行归类区分，确定繁殖方法、栽培措施、养护重点。
2. 棕榈类植物分为多种类型，各具特点，各有用途。学会其繁殖方法、栽培措施，并能有针对性地养护管理。

【任务描述】竹类植物是构成中国园林的重要元素。作为草本植物的竹类，木质化程度却较高，有的呈乔木状，有的呈灌木状，有的呈丛生地被状。其神韵挺秀、潇洒飘逸、风雅宜人，是集文化、美学、景观价值于一身的优良观赏植物，在中国古典、近现代及现代园林中有着特殊的运用价值。而棕榈类树干直立，形态丰富，枝叶婆娑，是展现热带风光、异域情调的最佳树种。在园林中无论是孤植、群植、林植都很适宜，极具特色，在现代园林中运用极其广泛。

相关知识：园林中竹类与棕榈类的应用

一、园林观赏竹的习性分类

（1）散生竹类（单轴型）。竹子在土中有横向生长的竹鞭，竹鞭顶芽通常不出土，由鞭上侧芽成竹，竹秆在地面上散生（如图10-77所示）。

（2）丛生竹类（合轴型）。地下茎竹蔸上的笋芽出土成竹，无延伸的竹鞭，竹秆紧密相依，在地面形成密集的竹丛（如图10-78所示）。

（3）混合竹类（复轴型）。兼有单轴和复轴两种类型的地下茎，竹秆在地面上有散生的又有成丛的（如图10-79所示）。

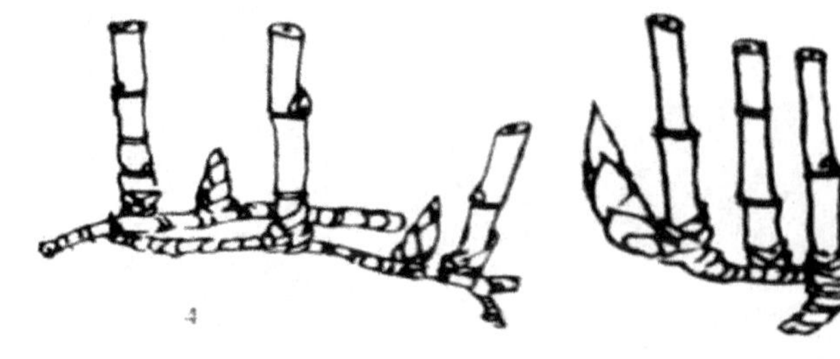

图10-77　单轴型

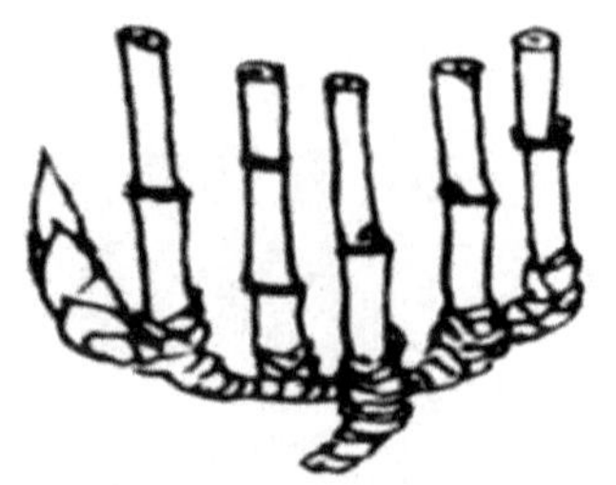

图10-78　合轴型

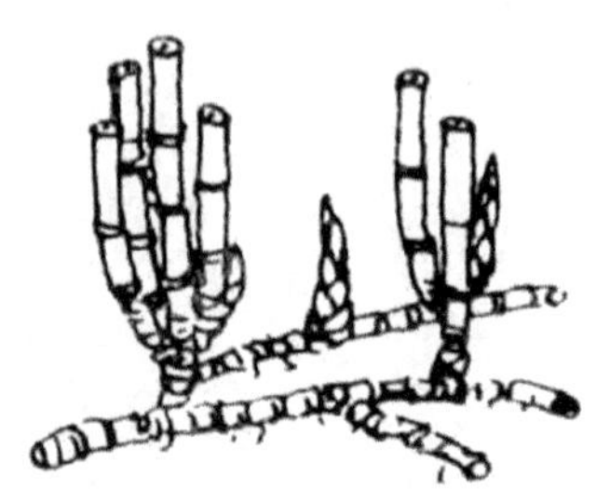

图10-79　复轴型

二、园林观赏竹的观赏分类

竹子的观赏性很强，从茎干到枝叶，从色彩到姿态，从外观到风韵，深受中国人的喜爱。根据中国人的观赏习惯，可将观赏竹分为以下类别。

（1）观株型竹类。株型优美、叶紧密（如图 10-80 所示）。

（2）观叶竹类。叶大、多条纹（如图 10-81 所示）。

（3）观秆竹类。秆型奇特、大（如图 10-82 所示）。

（4）观色竹类。叶色、茎色（如图 10-83 所示）。

图 10-80　花孝顺竹

图 10-81　观叶竹类

图 10-82　方竹

图 10-83　紫竹

三、竹类在园林中的运用

1. 群植成林

群植成林，创造出绿竹成荫、万竹参天、云雾缭绕、幽禽争鸣的生动而清静的景色（如图 10-84 所示）。群植是株数较多的一种栽植方法，常在路径的转弯处、大面积草地旁、建筑物后方等处应用，创造宁静的环境。

2. 丛植成趣

较大面积的庭院内的竹林及构成林相者皆为丛植，即用一种或若干种丛生形态竹类混栽而成，以不等边三角形栽植方法为主。高低错落，或直或曲，既可以做主景，又可以做背景、配景（如图 10-85、图 10-86 所示）。

图 10-84　竹的林植

图 10-85　竹的配石丛植

图 10-86　竹的墙隅丛植

3. 列植成径

竹径是一种别具风格的园林道路，不仅可以分隔空间，而且可以造成“竹径通幽处，人在画中行”之感（如图 10-87、图 10-88 所示）。列植是沿着规则的线条等距离栽植的方法，可协调空间，显出整齐美，以强调局部的风景，使之更为庄严。

图 10-87 竹的列植

图 10-88 竹径

4. 孤植为景

孤植是指部分竹类具有高雅的形态，可单独种植，如佛肚竹、黑竹、湘妃竹、花竹、金竹、玉竹以及从头到脚呈现出黄、蓝、白、绿、灰 5 种颜色的五色竹，充分利用足够空间以显示其特性，同时适当搭配造型多变的景石或交织栽种一、二年生草花（如图 10-89、图 10-90 所示）。

图 10-89 竹的孤值（配建筑）

图 10-90 竹的孤植（配石）

5. 作地被植物

以竹类为地被植物搭配草坪与土壤，具有延续视觉的功能，也可借地被植物衬托而组合成同一单元，部分耐修剪的种类可剪成短而厚实的高度，具耐阴特性者，可栽种于乔木、灌木以下，叶片具观叶效果的可作配色之用（如图 10-91、图 10-92 所示）。

图 10-91 矮生地被竹苗

图 10-92 地被效果

四、常见的棕榈类植物种类

（1）灌木类。棕榈类灌木没有明显的主干，丛生状，较低矮，多抗性强，耐阴，作室内或园林灌丛栽植。常见的有棕竹（如图10-93所示）、散尾葵（如图10-94所示）、袖珍椰子（如图10-95所示）等。

图10-93　棕竹

图10-94　散尾葵

图10-95　袖珍椰子

（2）乔木类。高大，主干通直，无分枝，叶片大型生于树干顶端，或掌状，或羽状，树影婆娑，姿态优美。常见的有棕榈（如图10-96所示）、蒲葵（如图10-97所示）、鱼尾葵（如图10-98所示）、假槟榔（如图10-99所示）等。

图10-96　棕榈

图10-97　蒲葵

图10-98　鱼尾葵

图10-99　假槟榔

（3）藤木类。棕榈科藤本植物较少，如省藤（如图10-100所示）可绿化墙垣、假山等处；茎叶纤维可作为造纸和纺织工业的原料；藤粗壮坚硬，可编织藤椅、藤篮、藤席等各式藤器。

图10-100　省藤

五、棕榈类植物在园林中的绿化应用

（1）行道树（如图10-101所示）。棕榈科植物，特别乔木类，主干直立，通直无分枝，作行道树，垂直的茎干与地面形成强烈的反差，具有很好的引导性。

（2）路旁绿化（如图10-102所示）。由棕榈科植物形成的植丛，种植于路边，间隔出现，规律中又呈现出一种自然感，形成强烈的韵律美感。

（3）公园绿化（如图10-103所示）。棕榈植物最主要的特点就是不分枝，尤其是其中单干型的植物具有一是的高度、自然整形的树冠的园林特征；其次，棕榈植物的叶大型，使得每一叶片具独立的观赏价值，并极富感染力。

图 10-101　棕榈行道树

图 10-102　棕榈丛植

图 10-103　棕榈在公园中的运用

（4）室内绿化（如图 10-104 所示）。灌木类棕榈抗性强，耐阴，姿态优美，作室内绿化，效果好。

（5）庭院绿化（如图 10-105 所示）。用作树篱时能更长久地按设计初衷基本保持原状，并免除了大量的人工修剪。

图 10-104　棕榈在室内绿化中的运用

图 10-105　棕榈在庭院中的绿化效果

（6）水边造景（如图 10-106 所示）。棕榈类植物，其形态特殊，加上大部分生长在温暖的区域，与水面配合，形成热带水滨风情，因而受到大部分人的喜爱，成为重要的景观植物。

图 10-106　棕榈与水体的映衬

活动1　观赏竹类的栽培与养护

【活动目标】

1. 能识别常见观赏竹的种类。
2. 能理解竹类植物的分类，并根据类型进行繁殖。
3. 能在园林中合理地应用竹类。
4. 能合理养护竹类，达到观赏要求。

【活动描述】

竹类有其不同的种类和相应的习性，根据其习性特点，高效地繁殖，合理地利用，对应地养护管理。其工作流程如下：

识别常见观赏竹 ⟹ 合理分类 ⟹ 实施管理 ⟹ 按习性繁殖 ⟹ 合理应用 ⟹ 养护

【活动内容】

一、观赏竹类的繁殖

1. 丛生及混生竹的繁殖

（1）分蔸法（分株、移植法）。一般在3～5月，地下在离竹秆25～30cm外围，挖开土壤，3～5秆1～3年生壮竹为一丛，找出连接母竹的秆柄，将其切或撬断，连蔸带出土掘起；地上留2～3盘枝叶从节间砍断竹梢，种于同等大小的土穴中。

（2）扦插法（埋蔸、埋秆、埋节法）。插条为1～3节竹秆，去侧枝（侧枝小竹枝留2、3节）。或带根竹蔸（地上留2节），斜埋于土沟（深20cm ），顶梢高3～5cm，侧枝倾斜。覆疏松土15cm，略高于地面，地上再盖草保湿。

2. 散生竹类的繁殖

（1）带母竹繁殖。一般在出笋前1个月左右，选择1～2年生生长健壮、竹秆较低矮、胸径不太粗的母竹，要求带有鲜黄竹鞭，其鞭芽饱满。地下沿母竹竹枝生长的方向找到来鞭和去鞭，从来鞭30cm处和去鞭70cm处切断，连竹蔸带鞭一起挖起，挖时不能动摇竹秆。地上将竹梢切断，仅留3～5盘枝叶。然后栽入预先挖好的种植穴中。入土深度比母竹原来入土部分稍深3～5cm。栽后及时灌水，覆草，开好排水沟，作支架，以防风吹摇动根部，影响扎根（如图10-107所示）。

图10-107　竹的栽培及支撑

（2）移鞭繁殖。选2～4年生的健壮竹鞭，在竹鞭出笋前1个月左右进行。挖出竹鞭后，切成60～100cm为一段，多带宿土，保护好根芽，种植于穴中。将竹鞭卧平，覆土10～15cm，并覆草以防水分蒸发，一般夏季可长出细小新竹。为防止新竹枯萎，可剪去1/3竹梢，保留6～7盘枝叶。

二、园林观赏竹的养护管理

（1）土壤管理：疏松土层，保水措施，排水方法。去除杂草，堆制肥料。

（2）肥料的施用：秋季或早春应追施肥料，主要施发酵过的饼肥，也可追施氮肥。

（3）间弱留强：间伐老竹，去除弱笋，留出空间强竹、壮竹。

任务训练与评价

【任务训练】

以小组为单位，对校园（机关或社区）内的竹类植物进行调查，并区分种类，搜集其习性信息，简述其配置特点，分组分区域或分组分类型地对其进行养护，并填写表 10-10。

表 10-10　竹类植物调查表

竹类名称	科属	分类	繁殖方法	园林用途	养护计划	备注

【任务评价】

根据表 10-11 中的评价标准，进行小组评价。

表 10-11　任务评价表

项目	优良	合格	不合格	小组互评	教师评价
调查识别	识别正确，科属无误，准确分类	能正确识别竹类	竹类识别错误或归类错误		
资料搜集	能准确掌握竹类的繁殖方法和习性，并能在园林中正确地进行配置运用	参与资料搜集，对竹类的繁殖方法、习性有一定了解	甄别能力较差，信息较混乱		
养护	养护措施针对性强，且得以实施，养护效果好	能周期性地对竹类进行管理和养护	无责任心，养护措施不到位，效果差		

活动2　棕榈类植物的栽培与养护

【活动目标】

1. 能识别常见棕榈科各类型植物。
2. 能根据棕榈类型进行繁殖。
3. 能在园林中合理地应用棕榈。
4. 能合理养护棕榈类，达到观赏要求。

【活动描述】

棕榈类植物有不同的种类和相应的习性，根据其习性特点，高效地繁殖，合理地利用，对应地养护管理。其工作流程如下：

【活动内容】

一、棕榈类植物的繁殖

1. 播种繁殖

棕榈的种壳都比较坚硬，不易萌芽，播前需浸种、层积和催芽。种植前要经过10～15天的浸种处理，一般沙藏催芽的时间在10月中旬左右进行。3月中旬，用草木灰水浸种3～5天，搓去蜡质后捞出，与河沙按1:3的比例混合，堆积在温暖处进行层积处理，保持湿度为饱和含水量的60%，20～30天后种子即萌芽。通常要求沙床上要搭荫棚蔽光，每天早晚各浇淋一次水，以保持沙床湿润。不同的棕榈品种，种子出芽的时间相差很大，像团圆椰子属于出芽时间比较短的，需要30～45天，而长的需要1年左右。当幼芽长到5～8cm的高度时要及时移植到营养袋中继续养护（如图8-108所示）。

图10-108　棕榈苗

2. 分株繁殖

分株繁殖仅用于丛生性棕竹、散尾葵等。将原株丛从老盆中倒出，或挖出，除去旧泥，但在老根上适当带些旧泥土，再将棕竹根部丛切断，同时将有生长不良的发黑根和腐根剪去，切口要平。寻找恰当的分株点。每一丛最少5～6枝，最好含老苗、壮苗、新苗、新芽，多则10～20枝（根据盆的大小及株丛多少来定）。栽植后置半阴约半个月后即可。

二、棕榈类植物的栽植

其栽植过程为选择壮苗，挖好土球（如图10-109所示）；运输保护；栽植（如图10-110所示）；适度修剪叶片（如图10-111所示）；支架（如图10-112所示）；搞好植地通气排水；

抓好植后养护的防晒和保湿。

图 10-109 棕榈移栽

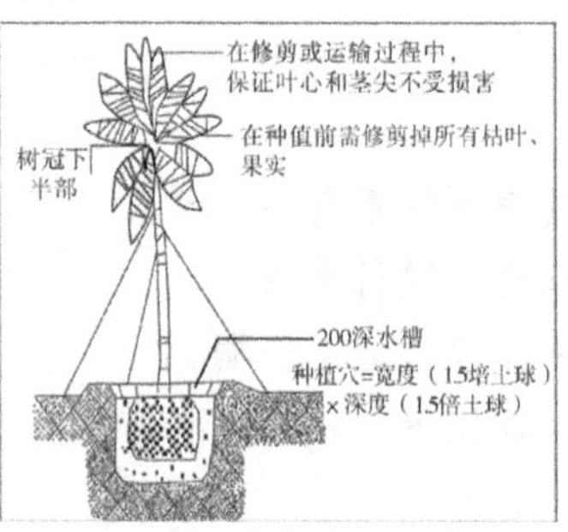

图 10-110 栽植要求示意图

图 10-111 剪叶处理

图 10-112 支架方法

三、棕榈科植物的养护

（1）水分管理。喜潮湿的气候，但土壤忌积水，注意雨季排水，种植地抬高。

（2）肥料。勤施薄肥，一次施肥的量不宜太多。肥料要施放在植株基部的外围，补充磷肥和钾肥，以增强枝干的壮实，使其生长旺盛。

（3）修剪。一要剪除干叶、黄老叶，二要把叶柄修剪整齐，三要剥除清除老棕皮。

（4）病虫害防治。预防为主，植株种植密度要适当，要通风良好，多施磷肥和钾肥，以减少病害的发生。发现病叶时要及时剪除，病叶要烧毁，并对症下药。

任务训练与评价

【任务训练】

以小组为单位，对校园（机关或社区）内的棕榈类植物进行调查，并区分种类，搜集其习性信息，简述其配置特点，分组分区域或分组分类型地对其进行养护，并填写表 10-12。

表 10-12 棕榈类植物调查表

棕榈名称	科属	分类	繁殖方法	园林用途	养护计划	备注

【任务评价】

根据表 10-13 中的评价标准，进行小组评价。

表 10-13　任务评价表

项目	优良	合格	不合格	小组互评	教师评价
调查识别	识别正确，科属无误，准确分类	能正确识别棕榈类	棕榈类识别错误或归类错误		
资料搜集	能准确掌握棕榈类的繁殖方法和习性，并能在园林中正确地进行配置运用	参与资料搜集，对棕榈类的繁殖方法、习性有一定了解	甄别能力较差，信息较混乱		
养护	养护措施针对性强，且得以实施，养护效果好	能周期性地对棕榈类进行管理和养护	无责任心，养护措施不到位，效果差		

知识拓展

最大的竹类植物——巨龙竹

巨龙竹高大威武，竹秆被一层竹壳包住，一片片的竹壳如神话中龙的鳞，竹秆粗可达 34cm，高达 30m 以上，竹子的分枝很高，竹枝修长，叶片大块，一簇簇的竹尾巴构成了龙的尾巴，竹秆犹如飞龙的龙身，人们把这种竹子命名为巨龙竹。据资料记载，巨龙竹为世界最大的竹子（如图 10-113 所示）。

图 10-113　高大的巨龙竹

最大的植物果实——海椰子

印度洋上的岛国塞舌尔是世界著名的旅游胜地，由于拥有优良的气候和地理环境，岛上植物种类繁多。其中，最令人惊异的当数塞舌尔国宝“海椰子”（如图 10-114 所示）。

从外表上看，海椰树的长相跟普通椰子树几乎一模一样，树高约五六米，但留心细看不难发现，海椰树有其十分奇特之处，虽然树分雌雄异株，但永远相伴而生，树根在地下互相缠绕。

此外，雄株每次只花开一朵，长达 1 米多，前端微弯长棒状，类似男性外生殖器；而雌株的果实成熟后剥开外壳，果核形状酷似女性臀部，并有女性外生殖器的特征。仅此奇特原因，海椰树便被人们誉为“爱情树”，果实则被叫作“美臀椰子”、“双椰子”。

图 10-114　海椰子的雌花、雄花、果

虽然海岛气候得天独厚，雨量和阳光充沛，但海椰树生长速度极其缓慢，从幼株成长至成年开花结果，竟长达 25～40 年，雌花受粉后结出果实还需要 2 年，果实长至成熟则还需七八年时间。一棵海椰树寿命千余年，能连续结果达 900 年以上。公树伟岸挺拔，最高可长至 30m 以上，总是比母树高出五六米，高矮搭配，恰如天生一对。

海椰果实堪称“巨无霸”，远非一般椰子所能比肩，迄今人们所发现最大的海椰子据说重 41kg，一般的也有 10kg 以上。有着如此巨重，海椰子果实一直被称为世界上最大的植物种子。其果肉细腻洁白、鲜美多汁，此外它还兼有药用功效，能治中风，也有滋阴壮阳、安心定神等效用，有“赤道劲果”之称。

海椰子目前主要集中生长于塞舌尔第二大岛普拉斯兰岛上，该地属赤道。由于海椰子树种稀有兼奇特的生长特性，被塞国人称为“国宝”。

20 年前，塞舌尔政府就将有 4000 多株海椰树生存的普拉斯兰岛列为国家自然保护区，配置专人巡查和监控，严禁任何砍伐和采摘收藏果实行为，更禁止私运出国。

据说，1816 年法国科学家鲍博尔涉足普拉斯兰岛考察时，经土著首领特批，花重金买了一个，当这颗果实运抵法国后，轰动一时。现在，一个普通的海椰果实标价为 2000 美元，让人惊叹。由于“一果难求”，很多航船途经普拉斯兰岛沿岸海域时，水手们都会特地攀上桅顶，全神贯注搜索海面，捞起那些成熟后从树上坠落海底，外壳腐烂后浮上海面，又随波逐流漂出大海的“浮椰”。

现今，海椰子已被列为世界级濒临灭绝的珍稀树种，为了保护普拉斯兰岛脆弱的自然生态，登岛游客只可远观，谢绝进入椰林区。

2002 年，塞舌尔政府曾赠送给我国 5 颗新鲜海椰果实，重量都在 20kg 左右。为了永久保存，我们将其中 4 颗制成标本，其中的一颗种子，现被种植在北京植物园热带馆内作科学研究。由于海椰子树的生长条件非常苛刻，必须生活在高温而潮湿的环境中，且生长速度非常缓慢。北京种下的种子生长了 5 年后，才长出 2 片叶子。

2007 年，海椰子曾在天津展出过，为了保证这一海外奇树万无一失，还特请武警战士一路护送。

之前的上海世博会非洲馆中，塞舌尔赠送的礼物就是海椰子。

第3单元

园林绿地的管理工作

■ **单元教学目标**

单元介绍 ☞ 本单元为园林专业课程特别设置的特色内容。作为一个花卉工、绿化工，不能仅仅停留于被动的从事园林植物的栽培管理养护工作，还应该有意识的知道在不同的时期、不同的季节，针对不同的园林植物应该如何管理；生产一种花木应该如何从种源的选择到繁殖方法的确定，从幼苗管理到花期调控，从生产过程到品质保证等整个流程进行规划，实现从一个单纯的花卉工、绿化工到园林绿地管理工作者的飞跃。

能力目标 ☞ 1. 能利用网络，通过查询种植对象、管理对象的习性、生长周期等信息，制定相应的栽培措施、主要养护手段。能按植物生产过程制定种植计划。
2. 能根据管理对象的习性和地区环境条件，按植物生长周期，制定养护月历。

项目 11

养护型园林绿地管理工作

教学指导

项目导言

作为花卉工、绿化工和施工员，比较容易接触到的园林管理工作是小区（单位、社区）的小型园林以露天植物为主的管理养护工作，或以盆栽为主的租摆养护工作，或以促进园林新植苗木的成活为主的园林工程植物管理工作。

这一类管理工作的重点是针对不同的植物习性，为它们创造适宜的光、热、水、气、肥条件，使其健康规范地生长。其基本过程首先是统计植物种类，接着搜集了解植物习性，有针对性地运用各种养护措施，进行养护管理。当然也可能面对比较单一的草坪类管理。

项目目标

1. 能对自己管理区域的园林植物进行调查统计，并建档。
2. 能搜集园林植物的不同习性，并合理归类。
3. 能根据当地气候环境特征，编写管理养护工作月历。
4. 能在养护管理工作中落实工作月历。

任务11.1 区域园林植物的调查统计及建档

【任务目标】 1. 完成（区域内）园林植物的调查，能准确界定园林植物及其功能分类。

2. 能搜集园林植物的习性，并进行统计和建档。

3. 通过分组调查方法，培养学生的团队合作意识和责任心。

【任务分析】 调查（区域）园林植物主要涉及3个问题，一是园林植物的界定；二是对园林植物进行合理的分类；三是按一定单位在数量上对园林植物进行统计。

【任务描述】 无论是社区或单位绿化管理，花店租摆养护，苗圃生产管理部门，或从事苗木销售，作为园林工、花卉工完成栽培、养护、营销任务的前提，是要对自己管理的植物种类、数量有清晰的认识，所以，我们首先要对自己管理（区域）的园林植物进行科学的调查、统计和建档，了解清楚自己的管理对象，才能因地制宜，适地适树，有的放矢地做好管理计划和养护工作。

相关知识：区域园林植物的建档及管理

一、园林植物的定义及合理分类

适用于园林绿化的植物材料都可以成为园林植物。我们对植物调查统计的目的，主要是为管理工作提供依据，所以分类也应该以方便管理为前提。

（1）按养护类别分类，如木本地被植物、绿篱和小品树，因其均需要周期性的修剪管理要求接近，可以归为一类，但分别以平方米、米和株作单位统计。而同样是桂花，灌木佛顶珠和乔木类的金桂、银桂在管理方法和价值上差别很大，应该分开统计。

（2）按习性分类，特别适用于温度敏感的植物。我们可以把不耐寒的植物、不耐热的植物分别归类，并建立预警机制，在出现极端天气前可以迅速地找到同类植物，加以保护。

（3）按经济价值分类，对于经济价值高的植物，可以投入较多的精力维护，减少不必要的损失，这对以租摆为主的盆栽植物管理较为实用。

二、常见的植物档案类型

（1）作业档案：以日为单位，主要记载每日进行的各项生产活动，劳动力、机械工具、能源、肥料、农药等使用情况。

（2）育苗技术措施档案：以树种为单位，主要记载各种苗木从种子、插条等繁殖材料的处理开始，直到起苗、假植、包装、出圃等育苗操作的全过程。

（3）环境、土壤、气候、气象观测档案：以日为单位，主要记载苗圃所在地每日的日照长度、温度、湿度、风向、风力等气象情况（可抄录当地气象台的观测资料）。

（4）植物习性档案：生态统计、临界点预警设置。

三、园林植物生长习性及所需环境条件信息的搜集

在建立档案时，应通过各种途径，广泛搜集园林植物的生长习性及所需的环境条件信息。这是指导我们进行园林植物栽培及养护必须知道的信息。

1. 园林植物对光照的要求

光照对植物的影响主要通过光强、光质、光照时间来影响。

（1）光照强度的要求。植物分为喜阳植物、中性植物和喜阴植物。喜阳植物喜直射光，不耐阴，如月季（如图 11-1 所示）、马尾松等。喜阴植物喜散射光，忌强光，如花叶芋（如图 11-2 所示）、绿萝等。中性植物是指喜欢光照，也有一定耐阴性的植物，大多数的植物都属于中性植物。

图 11-1　喜阳的月季

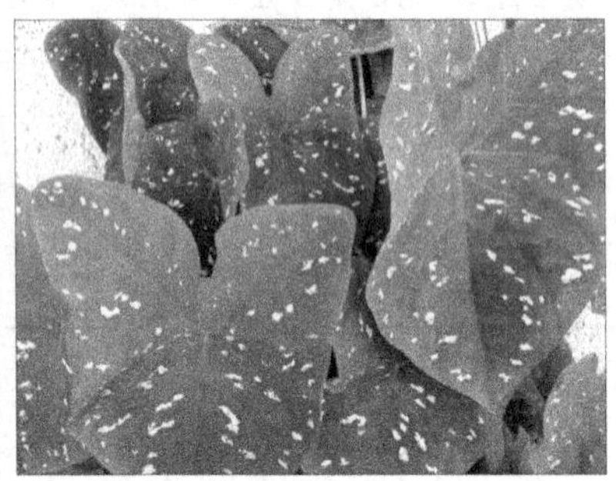
图 11-2　喜阴的花叶芋

（2）光质的要求。植物主要吸收红橙光（直射光中多）和蓝紫光（散射光中多）。红橙光丰富，更能使花卉花色鲜艳。

（3）光照时间的要求。植物对光照的需求分为长日照、短日照和中日照 3 种。长日照植物是在长日照条件（日照时间超过 12 小时）下开花（如图 11-3 所示）。短日照植物是在短日照条件（夜黑时间超过 12 小时）下开花（如图 11-4 所示）。中日照植物是指植物的开花与光照时间没有关系，只要营养条件和温度等其他条件满足即可开花（如图 11-5 所示）。

图 11-3　长日照植物（梅花）

图 11-4　短日照植物（桂花）

图 11-5　中日照植物（茉莉）

2. 园林植物对水分的要求

（1）土壤湿度的要求。根据植物对土壤水分的要求，可以将植物分为旱生植物、中生植物、湿生植物和水生植物。园林中大多数植物属于中生植物。但水生植物的运用也极为广泛。水生植物分为浮水植物、挺水植物、浮叶植物和沉水植物。

（2）空气湿度的要求。除了土壤水分的多少对植物的生长产生直接影响外，空气中的

水分多少（即空气湿度的大小）对于很多植物的生长也有至关重要的影响。

部分植物怕水渍，但对空气湿度要求较高。如兰花的根系为肉质根，水涝会使根腐烂。因为兰花原产于深山野林，对空气湿度要求较高，一般为75%～90%，过干则易生兰病或出现叶尾焦黄的情况。

3. 园林植物对土壤的要求

（1）土壤质地的要求。土壤质地分为砂土、壤土和黏土。砂土透肥、透水、透气性好，昼夜温差大，涵养水分和肥力的能力差；黏土反之。现大多数园林植物需要生长在壤土中，只是少部分植物喜偏砂土（如仙人掌）或喜偏黏土（如杜鹃）。纯砂土或纯黏土植物很难生长。

（2）土壤酸碱性的要求。土壤有酸性、中性、碱性之分。其中绝大多数植物喜欢在中偏酸的土壤中生长（pH 5.6～7.2）；少数植物喜欢中偏碱性土壤（pH 7.5～8.3），如柽柳（如图11-6所示）；另有部分植物喜欢酸性土壤（pH 4.5～7），如杜鹃和石榴（如图11-7所示）。

图11-6 柽柳喜碱性土

图11-7 石榴喜酸性土

（3）土壤肥力的要求。大多数植物对土壤养分吸收能力较强，要求薄肥勤施。也有喜欢重肥的植物，如菊花。另有部分植物对肥力浓度敏感，要求浓度低，如兰花、牡丹等。

4. 园林植物对温度的要求

（1）温度三基点的要求。所谓温度三基点是指植物生长发育要求的温度范围，包括最低、最适和最高温度。超过这个范围植物生长发育会受阻。在栽培过程中，应通过各种措施，让温度保持在三基点范围内。而且，在极端的天气，还应采用保护措施，防止温度达到或超过生存的三基点，危及植物生命。如冬天的防降温措施和夏天的遮阴措施。

（2）温度变化的要求。自然界的温度变化主要分为有规律的昼夜及季节温度变化，还包括非正常的温度变化。规律性的季节或昼夜周期性变化，植物多有适应，表现为白天生长，晚上休眠；春秋生长，夏冬休眠。而非节律的变温对植物多有危害，如倒春寒。

（3）积温的要求。积温是一个地区热量资源的总和。植物生长也需要一定的积温值。如芒果要求生长的有效温度为18～35℃，枝梢生长的适温为24～29℃，生长的最适温度为24～27℃。号称“四大火炉”之一的重庆，夏季温度远远超过这个温度，但芒果在重庆难以成活结果，其原因是重庆的积温未达到芒果要求的有效积温（有效积温等于植物生长期内每天当地日平均温度与该植物生长的最低温度的差值的总和）。

5. 园林植物对空气质量的要求

部分园林植物抗性很强，能吸收有毒气体，可以防止大气污染。但部分植物对空气质量很敏感，有毒气体会造成其落叶、枯黄等病变。

在建档时并不要求每一种植物的每一方面习性都要查询和记录，重点在比较特殊的涉及到养护管理需要特别注意的方面。如部分喜阳植物作租摆一段时间后，需要阳光照射；部分忌氯植物不能用含氯肥料和自来水浇灌；忌硫作物应远离工厂污染；热带植物需要温室保温和增加积温等。

活动1　调查统计(区域)园林植物

【活动目标】

1. 认知并熟悉（区域内）园林植物，逐步积累，要求达200种植物。

2. 能对（区域内）园林植物进行功能分类，认真统计。

【活动描述】

准确地知道自身管理对象的种类、习性、价值，可以让我们的管理养护工作达到事半功倍的效果。其工作流程如下：

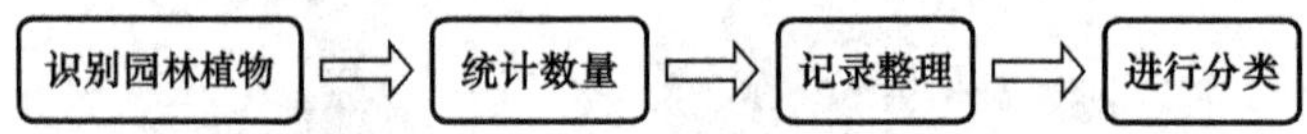

【活动内容】

一、园林植物的界定

园林植物在园林中运用，其主要作用是观赏。随着“园林”范畴的扩大，除了农作物、有毒植物、位置不利于观赏的植物，“园林植物”可视为“植物”。当然，现在如油菜花节、青纱帐节将油菜花和高粱也作为观赏植物，同时“水族箱”将以前沉于水底的难以观赏的植物也变成了园林植物，使园林植物的范围进一步扩大。但在城市园林中，影响整体美或观赏性极差的、凌乱的野生植物不能算作园林植物。

二、科学的统计方法

1. 统计对象

统计对象是指园林植物，野生的木本植物体型较大，对园林景观的影响较大，必须记录；而野生的草本植物，特别是一、二年生野花、野草，存在时期、种类变化很大、则没有统计的必要。除非某一类或某一群已经形成数量较多、范围较大的自然景观，如紫茉莉、金鸡菊、大叶仙茅、巴茅等。

2. 统计单位

乔木、大型花灌木、造型园景树以“株”为单位；盆花、盆景、租摆以“盆”为单位；

地被植物、草坪、垂直绿化以“m^2”为单位，绿篱以“m”记；小型花灌木可以用“丛”为单位。可使用统计工具 Excel 表格来辅助完成。

任务训练与评价

【任务训练】

以小组为单位，调查区域分区、调查人员分组，一组多区调查，部分区域重复，资料汇总。重复交叉的区域资料数据对比，对差异大的进行复查。

例：将一苗圃盆花分类或校园分成 10 个区，而将学生或工作人员分成 5 组，每组调查 3 个区，则有近半数的区域有重复（重复区域最好为重点区域），而比较重复区域的数据则可以知道调查方法的科学性、准确性和调查人员的能力和态度，并填写表 11-1。

表 11-1　植物调查及统计表

序号	植物名称	科别	园林功能	生长环境	生长状态	数量	备注

1. 植物名称：以中文学名为主，如需要严谨及科普教育可标注拉丁学名，不要用俗名和土名。

2. 科别：根据自然分类系统标注其所属的科。了解植物所属的科，对于识别、区分植物以及繁殖植物有较大的用途，是基本的素质。

3. 园林功能：记录该植物在本园林中承担的园林功能，在对植物的管理养护具有指导意义。

4. 生长环境：是指该植物所处的地理、空间环境，如广场、水边、坡地等，方便植物管理和养护。

5. 生长状态：简单判定植物生长是否良好，是否有倾斜、秃顶、叶黄、偏冠等不良状态，以利于养护和防止不良情况的产生。

6. 数量：统计植物的数量。

7. 备注：主要记录以上未统计到或需要说明的植物养护管理比较重要的信息。如原生树、名贵品种、重点花木、生产对象等，可以设立管理涉及的关键词，如乔木、绿篱及小品树、地被植物，不耐寒植物、忌水渍植物等。

【任务评价】

根据表 11-2 中的评价标准，进行小组评价。

表 11-2　任务评价表

项目	优良	合格	不合格	小组互评	教师评价
调查态度	积极参与，认真记录	听从安排，参与记录和统计	有缺席现象		
专业知识	植物认知和分类正确率高，超过90%	植物认知和分类正确率达80%	植物认知和分类正确率低于80%		
状态描述	描述能反映植物生长的环境特点、养护状态及养护要求	描述能反映植物的生长位置、生长是否正常	描述不清晰		
统计数量	数量及单位正确率高，达90%以上	数量及单位正确率达80%	数量及单位正确率低于80%		

活动2　建立（区域）园林植物栽培档案

【活动目标】

1. 能学会园林栽培档案内容及建立方法。
2. 能运用园林植物栽培档案。

【活动描述】

档案以数据作为支撑，除了我们调查统计的园林植物的种类、数量、品质以外，还可以通过查询获取不同类型植物的习性、观赏等特点，充实我们的园林植物档案，让它发挥更大的作用。其工作流程如下：

【活动内容】

一个管理良好的苗圃（物业），一个优秀的园林工对自己管理区域内的园林植物都应该有一个档案，涉及园林植物的种类、数量、习性、品质、价值或稀有程度等内容。通过档案能够在第一时间为植物的生长采取养护措施，甚至能够预报其最佳观赏期。更重要的是作出养护管理计划，核算优化管理成本。

一、园林植物的建档

植物栽培档案的作用如下。

（1）清理“家底”，了解区域绿化、苗木种类、资源和绿化情况。

（2）收集苗木习性信息，以利指导不同时期的对应的养护管理。

（3）了解植物“财产”多少，指导出圃、销售工作。

（4）利于人力、工具、资金的合理安排。

二、园林植物档案的利用

（1）档案内容的填写和资料的定时归档。将搜集的各种数据，整理归类，输入计算机，利用计算机表格的统计能力归类。

（2）按植物种类建立管理月历备忘，利于工作安排。如乔木的施肥、绿篱的修剪、草花的播种等，都可以以月历的方式落实到某月的一旬。如某区有乔木200余株，用穴施法施尿素，每株10～20g，技术是在树冠滴水线范围挖穴2个（以主干对称），穴深10～20cm。则施肥量、工作量一目了然。

（3）按植物习性建立环境临界预警设置，以利植物养护。如深秋，天气预报为当地温度为7～12℃，低温接近不耐寒植物的生长低温值（5℃），由于存在小气候差异，可能危及不耐寒植物。则一方面观察自设田间温度计的温度，一方面调阅电脑档案，找出不耐寒植物的种类、数量、位置，评估工作量，准备材料，合理安排工作人员防寒。填写园林植物档案表，见表11-3所示。

表11-3　植物档案表

序号	植物名称	科别	园林功能及类型	生长环境（位置）	生长状态	数量	习性特点					备注
							光	热	水	气	肥	

注：1. 本表格适用于社区（校园、公园）等现有园林绿化的管理养护档案。

2.“园林功能及类型”栏主要记录该植物是乔、灌、藤、草分类，及在园林中的功能，如“乔木、行道树”、“灌木、绿篱”。

3.“习性特点”栏不要求面面俱到，只要求记录植物比较特殊或极端的要求，主要用于管理需要，如强阳性、喜碱土、忌氯气等，区别于大多数植物的特殊要求。

4.“备注”栏主要注明该植物的一些特殊信息，如古树名木、重点花木等。最好按养护类别分类设立关键词。如乔木、绿篱及小品树、地被植物，不耐寒植物、忌水渍植物等。

任务训练与评价

【任务训练】

以小组为单位，建立区域园林植物数据档案。将搜集到的园林植物数据进行汇总和核实，并进行建档（以Excel表格进行统计，建立电子档案）。

要求：记录园林植物的植物名称、科属、园林功能、生长状态、数量等信息，利用网络搜集对应植物的习性特点，主要了解植物对光、热、水、气、肥的特殊要求，抗性强弱。

【任务评价】

根据表 11-4 中的评价标准，进行小组评价。

表 11-4　任务评价表

项目	优良	合格	不合格	小组互评	教师评价
工作态度	积极参与，认真搜集，准确记录	听从安排，参与记录和统计	有缺席现象		
知识的准确度	知识性内容准确率高，超过95%	知识性内容准确率高，超过90%	知识性内容准确率未达90%		
习性搜集	习性能准确反映植物生长所需条件	习性属于植物的特征，资料无错误	习性搜集存在错误，可能导致不良后果		
正确归类	每项内容认真填入Excel表格，无错误	能及时发现错误并纠正	归类混乱，存在错误		
数据的准确度	数据准确率高，达95%以上	数据准确率较高，达90%以上	数据准确率未达90%		
档案的保管及利用	及时补充资料，并能根据档案内容安排或设计工作	能在日常的工作和学习中利用档案资料	资料数据陈旧，更新慢，或随意被改动，丧失指导意义，或未将档案应用于实际生产		

知识拓展

遇到不认识的植物怎么办

由于自然界中的植物种类丰富多样，且园林植物新的种类和品种在不断的培育、驯化、引种和推广，难免会遇到不认识的植物。这时，我们可以从以下几个方面入手来认识植物。

1. 请教同行、老师、老师傅

可以询问他们，虽然可能得到的名称是俗名、商品名，甚至不够准确，但也为进一步查询提供了一定的依据和方向。

2. 查阅专业书籍

仔细观察植物，在条件允许的情况下，可搜集具有典型特征的根、茎、叶、花、果的标本，越全越好。然后查阅专业书籍，如《植物志》、《植物检索表》等，逐一对比特征，进行查询。这是比较专业和科学的方法，但要有相应的工具书。一般在专业单位或图书馆进行查询。由于涉及植物生长周期，要将植物的典型特征物搜集齐全，如花和果，费时较长，较为麻烦。

3. 上网请教或查询

由于现代手机的普及和网络的发达，利用手机将植物典型特征和全貌摄像，然后将图片传至专业论坛或网站，向公众或专家咨询，然后再网络对比、核实。这种方法是现在最为流行和高效的方法。

任务11.2 编写园林植物养护管理月历

【任务目标】 能针对自己所管理工作的范围和植物的种类，按月制定自己的管理工作和养护工作计划，即工作月历。

【任务分析】 植物是有生命的，忽略对它的管理，有的后果是不可逆的。每个园艺工和花卉工的工作职责、管理范围有所不同，能针对自身的工作、管理对象制定切实的工作计划，确保园林植物养护管理工作的有序有效进行。由于自然植物生长的季节性，一般按月制定，简称月历。

【任务描述】 不同的植物生长习性存在较大的差异，为了增加观赏效果，我们将观赏性较强的植物栽植在一起，但是它们相互之间存在着不同的环境要求，需要我们有针对性的在不同的生长时期运用相应的手段进行管理，维持其正常生长，保持园林的观赏性。这种以月为单位，按季节、地区差异制定的管理工作计划，在园林管理工作中是极其重要的，具有指导意义和备忘意义。

相关知识：园林植物养护管理月历的重要性

一、养护管理月历的用途

养护管理月历实际上是园林工作人员作为园林植物管理每个月的工作内容，既是年度工作计划，也是一种具有备忘性质的工作安排。

二、养护管理月历制定的准备工作

养护管理月历的制定主要涉及以下3个问题。

1. 栽培管理的植物种类、数量、习性

由于植物是有生命的个体，因此对它的管理具有长期性、季节性，其生命过程具有临界性和不可逆的特点。关键时期的重点管理工作一旦错过，对植物的伤害和影响很大，有的难以弥补。需要制定月历来规范工作，合理安排人员，加强管理。而且，园林管理工作琐碎，覆盖面广，涉及内容多。通过养护管理月历，可以将工作细化、量化，以方便工作标准化管理，明确责任，减少不必要的损失。作为有生命的植物，它还受环境影响。每年都可能有一些灾难性天气，制作工作月历，可以对此进行预防，减少灾难性损失。

2. 地区环境气候条件

影响植物生长的生存条件包含光、热、水、气、肥、土壤等多方面的自然条件，不同地区气候条件的差异是植物生长的决定性因素，如何通过人为调整环境条件，以适合植物生长，防止对植物具有伤害性的环境条件的出现，是保证植物健康正常生长的关键。随着栽培技术的提高，现代园林建设运用植物种类丰富、习性差异较大的特点，在管理时，应关注植物是否适合当地的环境气候。

3. 具体的工作范围及职责

园林养护管理月历是当地园林部门制定，用于指导相关人员进行园林养护工作，是园林管理部门的年度规划内容之一，在网上或相关资料上都可以查阅。但是，作为一个公园、社区绿化管理者或苗圃生产、花店、植物租摆经营者，应该根据自己的工作范围、养护植物的种类、环境小气候特点、设备设施条件、经济能力等，建立自己的养护月历，以合理安排全年、各季节、每个月的工作，既是工作计划的一部分，也是工作备忘。

三、养护管理月历编写的准备

1. 收集

（1）地区各自的环境数据。

（2）地区园林养护月历。

2. 整理

（1）自己的园林养护工作内容。

（2）自己管理的植物类型和种类。

（3）自己养护的植物习性、栽培特点。

根据搜集整理的信息制作适合自己的园林养护管理月历。

四、园林绿化工作类型

（1）经常性工作，如除草、浇水、松土等。

（2）周期性工作，如绿篱修剪、苗木整理、施肥等。

（3）关键时期的工作，如抽梢期、开花期，特别是光照临界点的遮阴，温度临界点的保温或降温，水涝的防治等。

（4）突发性事件而产生的工作，如风雨、天冷、倒伏等。

活动　了解几种养护管理月历

【活动目标】

1. 能搜集、整理相关材料。
2. 能编写自己的园林养护管理月历。
3. 能在管理工作中落实月历。

【活动描述】

地区园林养护管理月历能搜集到，但要和自己所管理的植物种类、工作任务相结合，制定出适合自己的月历。其工作流程如下：

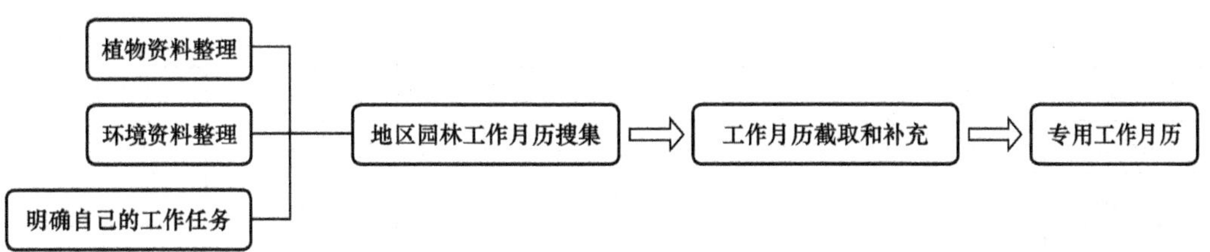

【活动内容】

一、养护管理月历（或计划书）编写的几种方法

（一）按季节安排

按季节安排的养护管理月历（或计划书）用于生产基础绿化植物材料为主，或者管理社区、小区绿化和苗圃栽培等室外受季节、自然等因素影响大的植物的管理所采用的主要的方法。按照春夏秋冬，植物萌芽、抽梢、开花、结果、休眠整个生长过程来进行管理。无论是一年生作物或是多年生植物的生长，都或多或少地表现出明显的季节性变化。按季节安排工作，编写园林计划最为普遍，月历可以说是按季节安排的精细版（请结合华东地区通用月历参考来学习）。

（二）按植物的生长阶段安排

从种子繁殖或无性繁殖到幼苗育苗、壮苗出花、花期养护、采收等阶段来计划工作。此种方法适用于生产鲜切花、盆花生产为主的花卉生产者的工作安排，它具有生长时期集中，技术要求较细的特点，要用大量的技术手段、设备、人工条件来满足植物生长所需（详细内容将在任务12.2中讲解）。

（三）按照花卉的价值或对人的管理要求安排

按照花卉的价值或对人的管理要求编写养护管理月历（或计划书），对于以盆花租摆业务为主的花店、苗圃管理或公园管理者较为适合。将管理对象分为贵重花木（指价值高的名贵花木）、重点花木（指对环境适应性较差，对人为管理要求高的花木）、一般花木（指廉价、生命力顽强的花木），按定期养护和重点养护来安排肥水、垃圾处理，松土、光照满足，摆放的场所，交换位置，转盆，维护性养护，恢复性养护，繁殖置换等工作。定期安排人员对租赁单位的苗木进行管理时，首先应从电脑档案提取信息，分类设定工作，提出工作要求、细节、列表安排。春、夏、秋生长较快的时期，可以一个月左右一次，休眠期可以长一点（请结合表11-5来学习）。

表11-5　xx茶楼租摆植物管理工作记录表

养护时间：　　　养护人员：

植物名称	数量	养护要点	备注	生长情况
罗汉松盆景	2	肥水养护、清理、修剪盘扎、签盆	门卫树、重点、贵重	
散尾葵	8	签盆、清理、转盆、肥水养护	重点	
杜鹃	10	花后置换，收回养护、肥水养护	换时令花卉茉莉10盆（养护地领取）	

续表

植物名称	数量	养护要点	备注	生长情况
山茶	6	移动换位室外见光、肥水养护	和非洲茉莉换位	
非洲茉莉	4	签盆、清理、转盆、肥水养护	和山茶换位	
……	……			

温馨提示

花卉公司在派工作人员到客户单位维护租摆盆花植物时，可以从电脑档案提取信息。分类设定工作，方便工作和检查。

工作要求：

（1）盘扎要求：罗汉松需修剪并盘扎，方式为原对拐加固……

（2）施肥要求：施肥前，必须进行盆土清洁，去杂，打松表土。肥料使用复合肥，浓度为2%每盆施用量在……

（3）苗木清理要求：……

（4）转盆要求：盆花旋转角度为……度

（5）其他要求：如工具自备，垃圾处理，清洁问题等……

（设立技能标准库，每次根据工作任务内容提取技能要求的标准，做工作标准。）

二、养护管理月历的实施

（一）园林经营者的年度月历工作安排

园林经营者在园林养护管理工作中，主要应该落实的是维持和保证现有植物的正常健康生长，通过繁殖增加园林植物种类及数量，对园林植物进行修剪造型等增加附加值的工作。

（二）园林管理者的季度性工作总结

园林管理者的主要工作是确定园林具体管理工作事项，如植物繁殖方法，肥料类型、施用时期、施用量，病虫害防治药剂等，并定期总结工作实施情况，提出实施意见及措施。

（三）园林养护工作人员的日志记录及时反馈

园林养护工作人员通过每天的日志记录，既可以反映自己的工作情况，又可以积累苗木生长管理信息，如表11-6所示。

表11-6 园林养护工作日志样表

时间：______ 年__月__日　　天气：______　　工作安排人：

气温：______　　苗圃温度：______（ ）达到预警温度　　记录人：

工作人员及人数	工作任务安排	工具	材料消耗	工作任务技能要求	巡视情况记录

工作任务说明：____________________

完成情况：____________________

注：1.“巡视情况记录”包括环境观察、天气情况、土壤情况、植物生长情况、病虫害发生情况、杂草情况等，并用陈述时间、地点、性质的语言描述观察的非正常情况，如：××区____株____（乔木）出现了严重倾斜；或××区____苗圃出现杂草，每个平方米超过了____株；或____区域发生积水现象等。最好由培训过的员工进行观察记录，它是指导园林管理工作的重要指标。

2.“工作任务安排”包括日常养护、繁殖工作、苗木上盆移栽。其中“日常养护工作”包括浇水、施肥、中耕除草、修剪、遮阴、防冻、病虫害防治等；“繁殖工作”包括利用播种、扦插、压条、分株、嫁接等方法对植物进行繁殖；“苗木上盆移栽”包括苗木上盆和移栽。

3.“工作任务说明 ”可填写为“用____方法繁殖____苗木____株”、“用____浓度的 ____农药，用____方式施用”、“修剪____苗木____株（绿篱____米等）”等，用方法、措施、数量等语言来陈述工作任务，体现工作任务的量与质。

4.“气温”来自于当地天气预报；“苗圃温度”读取自苗圃放置的温度计。特别注意对比苗圃种植植物生长的温度范围，做工作预警。如温度接近最低值需做覆盖大棚等保温处理；如温度接近最高值需做遮阴或喷雾、通风等降温处理。

5. “天气”：如果是极端天气，如大风、暴雨、酷暑、干旱，应该有防范措施、预警机制或加强巡视。

三、总结与反馈

对于月历检查工作是否完成，没有落实的安排完成，是否有月历未涉及的补充进月历。好的情况，出现的问题，补救的措施，出现问题的原因分析，是技术原因、管理原因、自然原因、偶发因素，从而制定出预防措施和相应的对策。

任务训练与评价

【任务训练】

1. 以小组为单位，对于学校（社区、花园、苗圃等）进行分区包干管理工作，学生对各区的园林植物种类调查统计，同时网上搜集其习性并加以归类（或在学校植物档案中查阅）。

2. 搜集当地园林养护管理月历（各地园林局根据当地气候各有发布，如果搜集不到，可以选用相似地区或临近地区的）。

3. 量身定做，以小组为单位为自己编写区域园林植物管理月历。

4. 在日常的管理工作中，以工作日志加月度总结和年度管理报告的形式检查实施管理月历的效果。

【任务评价】

根据表 11-7 中的评价标准，进行小组评价。

表 11-7　任务评价表

项目	优良	合格	不合格	小组互评	教师评价
调查准备	充分了解区域管理植物的种类及习性，搜集地区环境条件	对所管理的植物和气候环境条件有一定认识	对区域内管理的植物不熟悉，防护不当，造成部分植物受损于不良环境或病虫		

续表

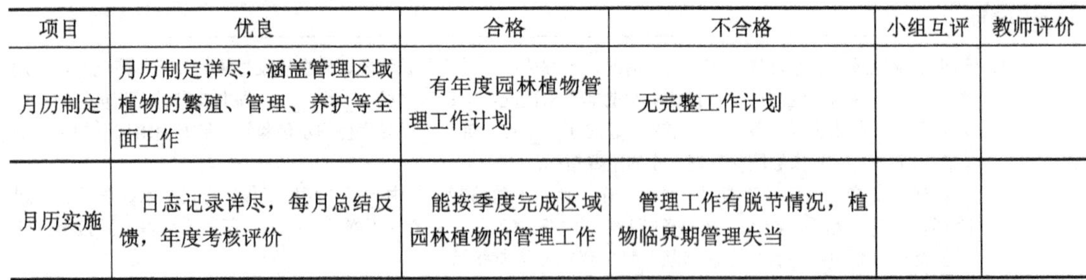

项目	优良	合格	不合格	小组互评	教师评价
月历制定	月历制定详尽，涵盖管理区域植物的繁殖、管理、养护等全面工作	有年度园林植物管理工作计划	无完整工作计划		
月历实施	日志记录详尽，每月总结反馈，年度考核评价	能按季度完成区域园林植物的管理工作	管理工作有脱节情况，植物临界期管理失当		

知识拓展

华东地区通用月历参考

1月：全年中气温最低的月份，露地树木处于休眠状态。

1. 冬季修剪：全面展开对落叶树木的整形修剪作业；悬铃木、大小乔木上的枯枝、伤残枝、病虫枝及妨碍架空线和建筑物的枝杈进行修剪。

2. 行道树检查：及时检查行道树绑扎、立桩情况，发现松绑、铅丝嵌皮、摇桩等情况时立即整改。

3. 防治害虫：冬季是消灭园林害虫的有利季节。可在树下疏松的土中挖集刺蛾的虫蛹、虫茧，集中烧死。1月中旬的时候，介壳虫类开始活动，但这时候行动迟缓，我们可以采取刮除树干上的幼虫的方法。在冬季防治害虫，往往有事半功倍的效果。

4. 绿地养护：街道绿地、花坛等地要注意挑除大型野草；草坪要及时挑草、切边；绿地内要注意防冻浇水。

2月：气温较上月有所回升，树木仍处于休眠状态。

1. 养护基本与1月相同。

2. 修剪：继续对悬铃木、大小乔木的枯枝和病枝进行修剪。月底以前，把各种树木修剪完。

3. 防治害虫：继续以防刺蛾和介壳虫为主。

3月：气温继续上升，中旬以后，树木开始萌芽，下旬有些树木（如山茶）开花。

1. 植树：春季是植树的有利时机。土壤解冻后，应立即抓紧时机植树。栽植大小乔木前作好规划设计，事先挖（刨）好树坑，要做到随挖、随运、随种、随浇水。种植灌木时也应做到随挖、随运、随种，并充分浇水，以提高苗木存活率。

2. 春灌：因春季干旱多风，蒸发量大，为防止春旱，对绿地等应及时浇水。

3. 施肥：土壤解冻后，对植物施用基肥并灌水。

4. 防治病虫害：3月是防治病虫害的关键时期。一些苗木（如海桐等）出现了煤污病，瓜子黄杨卷叶螟也出现了（采用喷洒杀螟松等农药进行防治）。防治刺蛾可以继续采用挖蛹方法。

4月：气温继续上升，树木均萌芽开花或展叶，开始进入生长旺盛期。

1. 继续植树：4月上旬应抓紧时间种植萌芽晚的树木，对冬季死亡的灌木（杜鹃、红花檵木等）应及时拔除补种，对新种树木要充分浇水。

2. 灌水：继续对养护绿地进行及时的浇水。

3. 施肥：对草坪、灌木结合灌水，追施速效氮肥，或者根据需要进行叶面喷施。

4. 修剪：剪除冬、春季干枯的枝条，可以修剪常绿绿篱。

5. 防治病虫害：

(1) 介壳虫在第二次蜕皮后陆续转移到树皮裂缝内、树洞、树干基部、墙角等处分泌白色蜡质薄茧化蛹。可以用硬竹扫帚扫除，然后集中深埋或浸泡。或者采用喷洒杀螟松等农药的方法；

(2) 天牛开始活动了，可以采用嫁接刀或自制钢丝挑除幼虫，但是伤口要做到越小越好；

(3) 其他病虫害的防治工作。

6. 绿地内养护：注意大型绿地内的杂草及攀缘植物的挑除。对草坪也要进行挑草及切边工作。

7. 草花：迎“五一”替换冬季草花，注意做好浇水工作。

8. 其他：做好绿化护栏油漆、清洗、维修等工作。

5月：气温急骤上升，树木生长迅速。

1. 浇水：树木展叶盛期，需水量很大，应适时浇水。

2. 修剪：修剪残花。行道树进行第一次的剥芽修剪。

3. 防治病虫害：继续以捕捉天牛为主。刺蛾第一代孵化，但尚未达到危害程度，根据养护区内的实际情况采取相应措施。由介壳虫、蚜虫等引起的煤污病也进入了盛发期（在紫薇、海桐、夹竹桃等上），在5月中、下旬喷洒10～20倍的松脂合剂及50%三硫磷乳剂1500～2000倍液，以防治病害及杀死虫害（其他可用杀虫素、花保等农药）。

6月：气温再一次升高。

1. 浇水：植物需水量大，要及时浇水，不能“看天吃饭”。

2. 施肥：结合松土除草、施肥、浇水，以达到最好的效果。

3. 修剪：继续对行道树进行剥芽除蘖工作。对绿篱、球类及部分花灌木实施修剪。

4. 排水工作：有大雨天气时要注意低洼处的排水工作。

5. 防治病虫害：6月中、下旬刺蛾进入孵化盛期，应及时采取措施，现基本采用50%杀螟松乳剂500～800倍液喷洒（或用复合BT乳剂进行喷施）。继续对天牛进行人工捕捉。月季白粉病、青桐木虱等也要及时防治。

6. 做好树木防汛防台风前的检查工作，对松动、倾斜的树木进行扶正、加固及重新绑扎。

7月：气温最高，中旬以后会出现大风大雨情况。

1. 移植常绿树：雨季期间，水分充足，可以移植针叶树和竹类，但要注意天气变化，一旦碰到高温要及时浇水。

2. 排涝：大雨过后要及时排涝。

3. 施追肥：在下雨前干施氮肥等速效肥。

4. 行道树：进行防台剥芽修剪，对与电线有矛盾的树枝一律修剪，并对树桩逐个检查，发现松垮、不稳立即扶正绑紧。事先做好劳力组织、物资材料、工具设备等方面的准备，并随时派人检查，发现险情及时处理。

5. 防治病虫害：继续对天牛及刺蛾进行防治。防治天牛可以采用50%杀螟松1∶50倍液注射（或果树宝或园科三号），然后封住洞口，也可达到很好的效果。香樟樟巢螟要及时地剪除，并销毁虫巢，以免再次危害。

8月：仍为雨季。

1. 排涝：大雨过后，对低洼积水处要及时排涝。

2. 行道树防台工作：继续做好行道树的防台工作。

3. 修剪：除一般树木夏修外，要对绿篱进行造型修剪。

4. 中耕除草：杂草生长也旺盛，要及时地除草，并可结合除草进行施肥。

5. 防治病虫害：捕捉天牛为主，注意根部的天牛捕捉。蚜虫危害、香樟樟巢螟要及时防治。潮湿天气要注意白粉病及腐烂病，要及时采取措施。

9月：气温有所下降，迎国庆做好相关工作。

1. 修剪：迎接市容工作，行道树3级分叉以下剥芽。绿篱造型修剪，绿地内除草，草坪切边，及时清理死树，做到树木青枝绿叶，绿地干净整齐。

2. 施肥：对一些生长较弱，枝条不够充实的树木，应追施一些磷、钾肥。

3. 草花：迎国庆，草花更换，选择颜色鲜艳的草花品种，注意浇水要充足。

4. 防治病虫害：穿孔病（樱花、桃、梅等）为发病高峰，采用500%多菌灵1000倍液防止侵染。天牛开始转向根部危害，注意根部天牛的捕捉。对杨、柳上的木蠹蛾也要及时防治。做好其他病虫害的防治工作。

5. 节前做好各类绿化设施的检查工作。

10月：气温下降，10月下旬进入初冬，树木开始落叶，陆续进入休眠期。

1. 做好秋季植树的准备，下旬耐寒树木一落叶，就可以开始栽植。

2. 绿地养护：及时去除死树，及时浇水。绿地、草坪挑草切边工作要做好。草花生长不良的要施肥。

3. 防治病虫害：继续捕捉根部天牛。香樟樟巢螟也要注意观察防治。

11月：土壤开始夜冻日化，进入隆冬季节。

1. 植树：继续栽植耐寒植物，土壤冻结前完成。

2. 翻土：对绿地土壤翻土，暴露准备越冬的害虫。

3. 浇水：对干、板结的土壤浇水，要在封冻前完成。

4. 病虫害防治：各种害虫在下旬准备过冬，防治任务相对较轻。

12月：低气温，开始冬季养护工作。

1. 冬季修剪：对一些常绿乔木、灌木进行修剪。

2. 消灭越冬病虫害。

3. 做好明年调整工作准备：待落叶植物落叶以后，对养护区进行观察，绘制要调整的方位。

生产性园林管理工作

教学指导 ☞

项目导言

与工业生产不同，农业生产的对象——植物是有生命的，它的生长有很强的时间性、季节性、持续性，整个生产过程不能因为人员、材料、场地和环境条件等任何因素中断。所以，我们应该选择适当的时期进行。繁殖工作一旦开始，则以后的培养土、场地、管理等条件必须跟上，不利的环境条件要采用各种方式进行改善，这一系列问题必须在繁殖前给予考虑，这就是编写计划书的必要性。

项目目标

1. 能利用网络，通过查询种植对象、管理对象的习性、生长周期等信息，制定相应的栽培措施、主要养护手段。能按植物生产过程制定种植计划。
2. 能根据管理对象的习性和地区环境条件，按植物生长周期，制定养护月历。

任务 编写植物种植计划书

【任务目标】 1. 能对植物生产土壤条件进行检测或配制适合种植对象的培养土。
2. 能对植物的习性和当地气象条件信息进行准确收集。
3. 能了解地区园林植物市场。

【任务分析】 栽培生产植物的目的是获取一定的经济效益，环境的适合可以降低成本，习性的了解可提高产品品质，获取市场。

【任务描述】 生产栽植园林植物受限于土壤、气候、光照、水分、空气等自然条件和生产投入及生产技术。我们应根据栽培地的生态环境条件、植物习性、市场需求确定生产项目。

相关知识：种植计划书内容及作用

一、种植计划书的内容编写

作为申请性、报批性或引资性的计划书，其内容包含成本核算、投资回报方面的描述，并附有产品价值、经济收益、劳动成本、生产成本等数据和收益的预期估计，以打动主管领导或投资者。但因各地生产成本苗木价值差异大，本计划书不作赘述。而如果是任务性的计划书主要作栽培方法、技术、环节方面的说明，再加入人员的安排或场地、资金需求即可。

（一）繁殖方式

在繁殖方式方面，需要运用搜集到的习性信息，说明原因、方法。

1. 种源

在计划书中，应该说明种源，包括有性繁殖需要的种子，无性繁殖所需要的插条、砧木和接穗等，最好说明如何保证品质和数量。

2. 繁殖时间的选择

草花特别是一、二年生草花的繁殖时间，多根据花卉观赏时间和品种生长期长短倒推而定。多年生草花及花灌木，一般选用最为适宜和繁殖率较高的时间进行繁殖。

3. 繁殖技术

由于需满足特定时间的观赏要求，花卉繁殖的时期不一定为适宜于繁殖的时期，这对繁殖技术提出了较高要求。

4. 必备条件

必备条件包括生产场地的资金条件、气候环境条件、人力技术条件等，以计划书的形式提出，可以提前做好安排和成本核算。

（二）栽培计划

随着植物生长过程对环境要求的不同，说明栽培技术、栽培条件等方面的计划。

（1）场地、设备。生存空间和环境，注意气候小环境的创造。

（2）肥水管理。营养与水分的供给，注意不同时期的需要差异。

（3）育苗方法。高标准优质壮苗的培养，摘心等修剪技术的应用。

（4）花期调控。多种措施的使用，调节花期。

（5）防护措施。趋利避害，防止恶劣气候和病虫害的伤害。

（三）销售计划

涉及最佳观赏时期的调整、交通运输等方面。

（四）人员安排、技能培训

对人员数量和所需技能进行计划，如有需要，则进行工作前培训。

二、种植计划书的特点及作用

（一）严谨性

园林植物是有生命的“商品”，如草花，作为商品，其价值主要表现为它所开的花的观赏性上，开花前为草，花谢后为垃圾。花卉生产计划书常常结合主要的观赏季节，倒推播种时间，可以精确到数天内。计划书的作用在于严谨的安排上，可以防止人为疏忽造成的损失。

（二）备忘性

园林植物生长具有连续性、季节性和地区性，其生长的不可逆性决定了部分关键临界期的错过，会造成巨大的经济损失。而计划书可以有效地避免工作疏忽。

（三）前瞻性

由于前期对植物习性充分的搜集，可以在计划书中建立预警性质的应急措施，前瞻性地对不良环境采取规避措施，避免经济损失。

活动1　调查园林植物种植条件、确定生产项目

【活动目标】

1. 能检测栽培土壤条件。
2. 能了解栽培植物习性。
3. 能分析市场需求。
4. 能决定栽培生产项目。

【活动描述】

栽植条件，多方面；满足习性，很关键；迎合市场，才赚钱。工作流程如下：

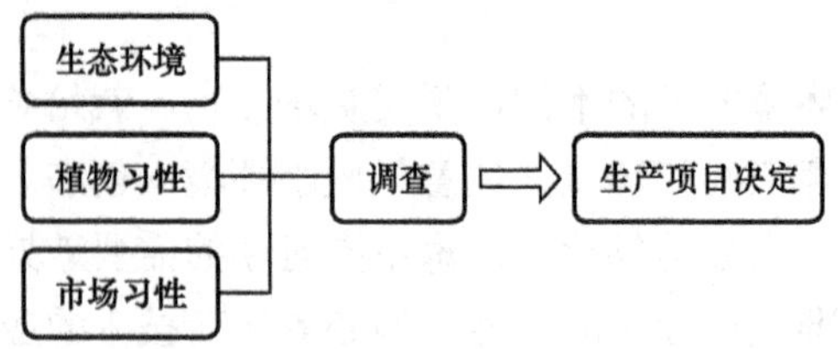

【活动内容】

编写园林植物种植计划书要求的信息如下。

首先是决定生产对象，要对生产环境、生产成本、产品价值、收益回报等做周详的计划。其重点是进行土壤调查、环境调查、市场调查。注意甄别网络信息的有效性，要符合植物自然生长规律，有一定的地区性、季节性等。

（一）当地自然生态环境和种植地生态环境

气候条件包括光照条件、温度条件、水分条件、空气条件；土壤肥料条件包括土壤质地、土壤孔隙度、酸碱值、土壤结构、有机质含量等。

在自然条件中，重点调查的是土壤资源、水分条件，这是园林生产成本的主要组成成分。园林栽培生产并不是高附加值的生产，不要盲目、高成本地改良土壤。

总而言之，栽培植物种类的选择应遵循因地制宜、“适地适树”的原则。“适地适树”是指立地条件与树种特性相互适应，是选择造林树种的一项基本原则，也是园林生产的基本原则。植物的丰富性、地区性、顽强性，使我们有较大的选择性。任何性质的土壤都应该有适应其生长的植物。

（二）市场信息

市场信息的地区差异性较大，而且极具可变性，需要做好前期的调查，从土地成本、人力资源成本、消费习惯、苗木价格、交通运输成本等方面进行了解。

在市场调查中，重点调查的是苗木的生产成本和经济价值、市场的容量等，也要注意人们的消费习惯。例如，广东人喜欢的年橘（因音同“年吉”），是过年消费的重点花木产品，极具市场，价格高昂，但其味酸苦，在内陆没有消费市场；而川渝地区人们过年喜欢购买蜡梅枝闻香应节；北方有过年雕刻水养水仙的习惯；成都很多人喜欢栽培寒兰、墨兰等，大城市近年形成消费热带兰等。

根据计划书所涉及的生产项目的产品价值及投入成本，计算出投入产出比，将效益最大化，并能将自我资金能力与植物种植规模进行匹配。

植物产品的市场营销有两种方式：

（1）有成熟市场的产品生产，其方式为了解产品习性，学习栽培技术，搜集产品种源，繁殖生产，栽培管理，推向市场。

（2）有优良的产品，其方式为寻找目标市场，产品营销，形成消费习惯，扩大销售市场。

（三）生产对象习性

生产对象习性即植物的信息，主要包括 3 个方面。

（1）植物生长期的长短。

（2）植物对光、热、水、气、肥等条件的要求。最好精确到各个生长时期的要求。

（3）植物对土壤环境的要求。

（四）园林植物栽培养护的基本知识（繁殖、栽培、管理技术）

通过哪些手段、方法来满足植物生长所需，特别是一些特殊的手段，廉价、适用、可行的措施。

（五）种植对象的确定

1. 常见栽培植物的类型

（1）基础绿化树种，如地被植物、绿篱植物、行道树、庭荫树等。

（2）一、二年生草花（盆花），如节日花坛花卉等。

（3）鲜切花，如康乃馨、月季、菊花、唐菖蒲等。

（4）球根花卉，如水仙、风信子等。

（5）租摆及盆栽，如发财树、散尾葵、非洲茉莉、平安树等。

（6）草坪，如观赏草坪、运动草坪等。

2. 选择的理由

资金和技术、自然生态环境条件及栽培设备。

活动2　植物种植计划书实例

【活动目标】

1. 能理解计划书的重要性及内容，并学会计划书的编写方法。
2. 计划书编写过程中涉及网络资讯的搜集，应具有根据植物生长规律甄别资讯价值的能力。

【活动描述】

要做好植物种植计划书的编写，首先应该掌握植物生长的习性和对环境的要求，在此基础上，设计如何运用各种栽培措施和园林技能，为该植物的生长创造良好的条件，同时，控制其生长，满足人们观赏所需要的形态和时期。其工作流程如下：

【活动内容】

以生产性为主的园林工作，首先要对整个栽培生产过程做好完整的计划书，因为园林植物是有生命的个体，其生产工作具有强烈的连续性、季节性和地区性，必须统筹规划。切花的生产在《花卉生产技术》有详述。作为多年生植物，园林树木和基础绿化材料的生产管理工作还有较大的可变性，不要求在特定的时间内必须销售，随着苗木的生长，甚至每年还可以增值。但仍有一个最佳销售期，是成本最低，产品价值比相对较高，利润最为丰厚的时期。

作为草花，特别是一、二年生草花，它的生产计划必须非常严密。一般以市场最需要草花的几大节日和草花生长期长短倒推播种时间，精确到节日前数天。因为草花花期前是草，无观赏价值，花期后是垃圾，其开花时间即为商品价值时间，这对我们的管理工作提出了很高的要求，一般以严谨的计划书为保证。

现以生产10000盆一串红，供国庆节花展为例，作生产计划。

一、准备工作、资料查阅

1. 一串红的生长习性（通过网络查阅）

（1）生育期（主要指从繁殖到开花的时间）

一串红从播种到开花所需时间为80～110天（因品种不同有一定差异），扦插繁殖到开花时间一般为90天左右。

（2）生长习性

温度：种子发芽温度21～23℃。

生长适温：15～18℃，高于38℃以上生长不良。

光照条件：喜光，有一定的耐阴性，但长期光线不足，会徒长，叶色浅绿，叶发黄脱落（种子萌发需光，不覆土）。

土壤要求：要求疏松、肥沃、排水良好的砂质壤土，pH在5.5～6.0（微酸性），对甲基溴化物处理的土壤和碱性土壤反应敏感，生长不良。

水分要求：忌水渍。

肥料喜好：无特殊要求。

（3）繁殖方式

播种与扦插均可，成活率均较高。

2. 栽培环境调查（当地环境）

（1）当地4～10月日平均温度。

（2）当地土壤质地。

二、栽培计划

1. 繁殖方法

播种与扦插相结合。

种子来源：购买。杂交矮杆种子30粒2元；高杆抗性强的品种20g 50元，500～600粒（淘宝价）。

购买种子，种源地要满足以下3个特点：就近购买；同纬度地区种源购买；相似地种源地购买。

购买后需要测定发芽率、发芽势、千粒重。

播种方法：穴盘精量播种（播前无需催芽，种子萌发需光，不覆土）。

播种时间：由于一串红为顶生花序，为了保证一串红盆花质量，需多次摘心，增加侧枝，以增加花束，而且需要摘取扦插插条，因而适当提前播种时间，选择在4月播种，数

量计划为2000苗。播种后，需覆盖薄膜，保持20℃以上的温度，以利于种子萌发。

由于种子较贵，而一串红扦插成活率高，故于4月播种2000盆，并于5～7月结合摘心，利用所获枝条作插穗，分批进行扦插繁殖。

选择4月播种繁殖的原因：4月播种，到10月开花观赏，时间上远远超过100天，但是从播种到开花需要80～110天，一串红能开花，但其品质不好。一串红为顶生花序，需要多次摘心，让其产生侧芽，以多生侧枝多开花，要具有4枝以上花序的盆栽一串红才有较高的品质。每一次摘心会延迟15天左右开花，再加上我们需要部分插条来扦插繁殖，所以选取提前播种。

2. 培养土的配制

以每盆一串红所需培养土1kg计算，2000苗需培养土2t。由于一串红播种苗出苗时间为10余天，生长到具有3～4片真叶的移栽期，共需要20～25天。则从播种开始计算，一个月之内必须准备塑料养钵（花盆）2000个以上，并按要求配制2t培养土，要求透性要好，一串红忌积水，注意消毒，但不能用甲基溴化物。

3. 上盆

苗期生长到3～4片真叶时（苗木间叶片出现相互重叠现象之前），必须由播种盘中上盆至塑料养盆中。

由于工作量较大，需安排数人突击完成上盆工作任务，注意提前做好计划。

4. 苗期管理

（1）浇水。生长期注意日常浇水管理，根据天气状况随时保持培养土湿润，但不能积水。浇水方法以喷淋为主。

（2）施肥。苗木生长前期，每15～20天结合浇水施用氮肥为主，辅以磷、钾的追肥，浓度为1%～2%。

（3）摘心。一串红出现2～4对真叶时，进行第一次摘心，促发侧枝。侧枝生长到2～4对真叶时，再次摘心，反复2～3次，形成丰满株型，多发侧枝多开花。

（4）温度控制、光照调节。苗木生长前期4月时，温度不能过低；6～9月温度较高，应该控制在35℃以下，主要利用遮阴网在烈日天和中午光强时蔽荫。注意不能长期遮光，防止苗木徒长。可在苗床放置温度计，严格观察控制温度。

（5）花期调控。一串红主要通过摘心来控制花期，增加花数。一般在花前一个月停止摘心，但为了推迟花期，在现蕾期摘心，可以推迟花期15～30天。

5. 应变预案

（1）病虫害防治。一串红生长期易发病害为叶斑病和霜霉病，可用65%代森锌可湿性粉剂500倍液喷洒；常见虫害银纹夜蛾、短额负蝗、粉虱和蚜虫等，可用10%二氯苯醚菊酯乳油2000倍液喷杀。如遇其他病虫害，可查阅资料，进行相应处理。

（2）后期繁殖的苗木品质保证。由于有8000盆左右的一串红是在5～7月利用实生苗摘心枝条进行的扦插繁殖而获得的。前期繁殖苗木可以通过反复摘心，丰满株型，提高质量，而后期7、8月所繁殖的苗木要形成丰满的株型较为困难，可以增加繁殖量，每盆上苗3～5株。

三、人员安排

根据工作量，平时安排 2 人左右管理，上盆、摘心、培养土配制的安排 4 ～ 5 人突击。

四、技能培训

统计员工技能掌握情况，不足处组织培训。所需技能详单：网络信息搜集及甄别有效信息的能力，穴盘精量播种、育苗技能，培养土配制、消毒技术，种子检测能力，扦插繁殖技术，上盆、转盘技术，摘心修剪技术，肥水管理能力，日常温度调控技术，病虫害防治技术等。

五、工具设备、场地要求

需常用园艺工具，如铲、锄、桶等若干。另需浇灌设备、遮阴设备等。

需培养土 5t 左右（10000 盆，每盆 1kg 土），包括土类 60%+ 腐殖质 30%+ 肥料 10%。

土类：以壤土为好，可以添加秸秆、砻糠灰、花生壳等未腐熟有机物粉碎物作保水透气填充物。

腐殖质：为腐熟有机物与土壤混合物，加入土壤后利于土壤结构。

肥料：为缓效有机肥、过磷酸钙和少量复合肥。有机肥主要用于基肥，需要量为 100 ～ 150kg。尿素、复合肥，作液肥追肥使用，每次浓度在 1% ～ 2%，苗期浓度低，后期浓度加大；前期氮肥为主，后期复合肥比例加大。

任务训练与评价

【任务训练】

以小组为单位，以搜集的信息为依据，模仿一串红种植计划书，编写向日葵（或其他花卉）的种植计划书。

【任务评价】

根据表 12-1 中的评价标准，进行小组评价。

表 12-1 任务评价表

项目	优良	合格	不合格	小组互评	教师评价
种植计划书的完整性	计划书包含植物的繁殖、育苗、养护、观赏的完整过程，严谨	植物生长的关键时期的养护在计划书中有所涉及	计划书系统性差，忽略了植物生长某一关键时期的管理工作或材料准备		
种植计划书的科学性	计划书所涉及的植物习性、栽培措施、环境条件正确	计划书无明显知识性和技术性错误	计划书无连贯性，或出现常识性错误		
种植计划书的适用性	计划书注意成本和措施的可行性，能在当地低成本实施	计划书中所涉及的栽培措施有可行性	计划书所涉及的栽培措施没有实施的条件		

参考文献

成海钟．2005．园林植物栽培养护 [M]．北京：高等教育出版社．

罗镪．2007．园林植物栽培与养护 [M]．重庆：重庆大学出版社．

吴丁丁． 2008．园林植物栽培养护 [M]．北京：中国农业出版社．

吴亚芹．2006．园林植物栽培与养护 [M]．北京：化学工业出版社．

朱家平．2005．园林植物栽培养护 [M]．北京：中国林业出版社．

祝遵凌，王瑞辉．2005． 园林植物栽培养护 [M]．北京：中国林业出版社．

昵图网：http：//www.nipic.com.

网络百度资料、图片：http：//www.baidu.com.

中国花卉网：http：//www.china-flower.com.